KB155042

패션 디자인

FAS HION DE SIGN

패션 디자인

염혜정 · 이미숙 · 김지영 · 박혜원 · 신성미 지음

교문사

머리말

지금 패션은 4차 산업 혁명이라는 대전환기 속에서 많은 변화를 겪고 있다. 패션 트렌드는 더욱 빠르고 다양하게 변화되고 있으며, 누구라도 패션 상품의 생산자가 되거나 트렌드를 발신할 수 있게 되었다. 또한 지역과 세계, 온라인과 오프라인의 구분도 희미해졌다. 이러한 시대에 있어 패션 산업계는 보다 넓은 안목을 지니고, 창의적인 능력과 전문적 지식을 두루 갖춘 인재를 필요로 할 것이라 생각한다.

이에 대응하여 패션 디자인 교육은 어떻게 이루어져야 할 것인가. 본서는 이러한 물음에 해답을 제시하고자 다음과 같이 전문성과 실용성에 역점을 두고 집필했다.

첫째, 전체 내용을 패션 디자인의 기초, 응용, 실무의 세 단계로 나누어 학습자가 기초적인 지식을 익힌 후 그것을 응용해 보고, 실제 업무 능력까지 갖출 수 있도록 구성했다. Part 1은 패션 디자인의 기초 단계로서, 패션의 개념과 의미, 패션 산업이 당면한 최근의 이슈들, 패션 디자인의 요소와 원리 등을 다루었다. 이를 통해 학습자가 패션 디자인과 관련된 기초적인 지식을 이해할 수 있도록 했다. Part 2는 패션 디자인의 응용 단계로서, 패션 상품의 종류와 치수체계, 패션 아이템의 종류, 도식화 그리는 방법, 패션 디자인의 발상법, 패션 이미지와 감성을 다루었다. 이를 통해 다양한 패션 디자인과 스타일들을 분석하고, 스스로 발상한 아이디어를 정확하게 표현할 수 있도록 했다. Part 3은 패션 디자인의 실무 단계로서, 실제 디자인 개발 사례와 함께 상품의 디자인 기획, 디자인 개발, 디자인 상품화 과정에 이르는 패션 디자인 실무 프로세스를 알아보았다.

둘째, 각 절마다 연습문제를 넣어서 앞서 학습한 내용을 스스로 복습할 수 있도록 했다. 이를 통해 학습자가 제시된 문제를 능동적으로 해결하는 능력을 키우고자 했다.

셋째, 글로벌 시대의 전문인이라면 당연히 알아야 할 실루엣, 디테일, 패션 아이템 등에 관한 패션 전문용어들을 가능한 한 그대로 사용하여 국내외의 패션 관련 정보를 쉽게 이해하고 전달하는 능력을 함양하고자 했다. 또한, 시각적인 전달력을 높이기 위해 각 장마다 정확한 디자인 사례를 제시하고자 노력했으며, 편집에도 심혈을 기울여 학습자가 보다 쉽게 이해할 수 있도록 했다.

본서가 앞서 제기한 물음에 명확한 해답이 되었는지에 관해서는 아직도 부족한 점이 있으리라 생각한다. 그러나 패션 디자인을 전공으로 하는 학생들, 패션 디자인에 흥미를 지니는 많은 분들에게 실질적인 도움이 되길 바란다. 한 권의 책이 완성되기까지 많은 도움을 주신 패션 업체와 학생들, 그리고 어려운 편집 과정에도 정성을 다해 주신 교문사의 모든 분들께 감사의 인사를 전한다.

2022년 3월

저자 일동

차례

PART 1 패션 디자인 기초

11 **01** 패션과 디자인
25 **02** 패션 디자인 요소
71 **03** 패션 디자인 원리

PART 2 패션 디자인 응용

93 **01** 패션 상품의 분류와 치수 체계
107 **02** 패션 아이템과 도식화
143 **03** 패션 디자인 발상
181 **04** 패션 이미지와 감성

PART 3 패션 디자인 실무

197 **01** 패션 디자인 실무 프로세스
229 **02** 패션 상품 디자인 개발 사례

부록

238 **1** 패션 스페셜리스트
241 **2** 봉제 관련 현장 용어와 표준 용어

243 참고문헌
246 그림 출처
252 찾아보기

패션 디자인 기초

PART 1

01

FASHION AND DESIGN

패션과 디자인

패션에 대한 이해는 패션 디자인을 학습하는 데 있어 매우 중요하다. 패션이 담고 있는 개념과 의미, 디자인과 예술의 유사성과 차별성을 살펴보고 패션산업이 당면한 최근의 이슈들을 함께 생각해 보는 것은 패션 디자인 교육의 기초가 된다. 본 장에서는 글로벌 산업의 상품, 기호, 문화, 트렌드로서의 패션에 대해 알아보고 디자인이 가지고 있는 속성과 지속가능 패션에 대해 알아보도록 한다.

1. 패션에 대한 이해

'패션(fashion)'의 어원은 라틴어의 팩티오(factio)[1]이다. 패션은 만들고 입는 행위와 태도를 의미한다. 때로는 사회적 현상으로서의 관습이나 취향을 뜻하기도 하며 인간의 정신적 태도를 포함하기도 한다. 패션은 일반적으로는 의복과 액세서리 등 복식(服飾)을 중심으로 하는 유행 현상을 말하지만 인테리어나 취미 등을 포함하기도 한다. 좁은 의미로는 '생산자나 디자이너에 의해 만들어진 옷과 장식 스타일' 그리고 '일정 기간 많은 대중들이 채택하는 옷과 장식 등'이다. 결국 패션의 기본은 '변화'를 전제로 한다.

한편 패션은 융합적 산물이다. 패션은 창의적인 예술과 거대한 글로벌 산업이라는 두 측면을 가지며 예술, 공예 그리고 산업이 교차하는 융합 분야이다. 성공적인 성과를 얻기 위해 디자이너의 창작물에는 '기능성'과 '예술성'이 함께 반영되어야 한다. 그리고 가시적으로는 상업성을 가져야 한다.

1) 글로벌 산업으로서의 패션

패션은 사회적 현상이고 디자이너의 창의적인 재능의 산물일 뿐만 아니라 글로벌 경제의 중요한 산업이다. 패션은 인도의 면직업자부터 남미의 방적회사, 베트남의 봉제회사, 유럽과 미국의 소매업체에 이르기까지 전 세계 공급망을 통해 운영되는 글로벌 경제의 주요 담당자이다. 그리고 이러한 공급망을 통해 전 세계의 수천만 명의 사람들을 고용할 수 있다. 따라서 디자이너, 머천다이저, 생산자들은 패션 시스템에 대한 이해가 반드시 필요하다.

인터넷의 도입으로 의사소통 방식이 혁명적으로 바뀌었지만, 우리가 옷을 만드는 제작방식은 산업혁명 이후 크게 변하지 않았다. 미래 패션 디자이너를 준비하는 사람들은 창의성과 예술성을 적용하여 아름다운 제품을 개발하는 디자인 발상, 현실적이며 지속가능한 제품을 제공하는 디자인, 제작, 유통 및 판매방식의 솔루션도 함께 생각해야 한다.

---

1 만드는 것, 행위, 동작 'making or doing', 'activities'

한국표준산업(KSCI) 분류에 따르면 패션산업은 업 스트림(up stream)의 섬유산업, 미들 스트림(middle stream)의 의류산업, 다운 스트림(down stream)의 도소매 유통업으로 구분된다. 패션산업이라 함은 주로 미들 스트림의 의류산업과 다운 스트림인 도소매 유통업을 말한다.

2) 상품으로서의 패션

패션은 디자이너에 의해 만들어진다. 디자인 분야는 분명 창조적인 탐구와 예술적 과정을 통해 미적 표현을 확장하는 것이지만 패션은 하나의 물건 내지 상품으로서 인정받을 때 그 의미가 있다. 따라서 패션 디자인을 수행할 때에는 상품으로서 입혀지는 인간의 신체와 의복의 기능에 관심을 기울여야 한다.

패션 디자인의 성공은 소비자를 중심으로 기획된 창의적 상품이 문화적, 미적 맥락과 잘 연계시키는 디자이너의 능력에 있다. 디자이너가 개발한 상품이 시장에서 호응을 얻지 못해 실패한다면 막대한 손실을 가져오게 된다. 결국, 패션은 산업에 있어서는 경제적 이익 추구가 기본이 되기 때문에 타깃의 기능적 요구와 미적 요구에 부응하는 솔루션을 제시하는 혁신적 디자인이 요구된다.

1

2

그림 1 다양한 산업의 협력에 의해 완성되는 패션산업
그림 2 글로벌 산업, 상품, 문화, 기호와 트렌드로서의 패션

3) 기호로서의 패션

패션은 살아있는 사람들에게 입혀지기에 사회의 결정적 변화의 시기를 읽어낼 수 있는 기호이다. 옷으로 대표되는 패션은 한 시대의 생활양식, 문화사조, 옷을 입은 사람과 보는 사람들의 의식을 가장 잘 반영하는 종합적인 표현예술이다. 패션은 시대, 지역, 문화에 따라 대중들의 취향에 의해 선택되고 전달된다. 이러한 취향(taste)은 한 시대의 문화적인 시대정신(zeitgeist)이라고 불리는데, 문화가 변하면 취향도 변하고 패션도 이에 따라 변한다. 한 시대와 한 사회의 대표되는 문화적 기호(sign)이기에 패션은 사회, 역사, 문화, 경제, 정치를 담고 있다.

그림 3　스트리트 문화와 패션

4) 트렌드로서의 패션

패션의 변화와 유행, 즉 패션 트렌드(trend)는 한 시즌 혹은 일정한 기간 동안 유행하는 패션의 경향, 추세를 말한다. 패션이 시작되어 점점 대중들에게 수용되는 시기와 트렌드의 변화에 대해 살펴보자.

패션 트렌드는 시작 → 확산 → 소멸의 단계를 거치는 패션 주기(cycle)가 있다. 새로운 패션 트렌드는 시대를 앞서가는 아방가르드로부터 탄생되어 소위 얼리 어답터(early adopter)들에 의해 패션이 도입된다. 이후 트렌드는 소수집단들의 수용과 대중 소비자들의 수용으로 확대 지속되며 유행이 정점에 이른 후 일정 기간이 지나면 올드 패션

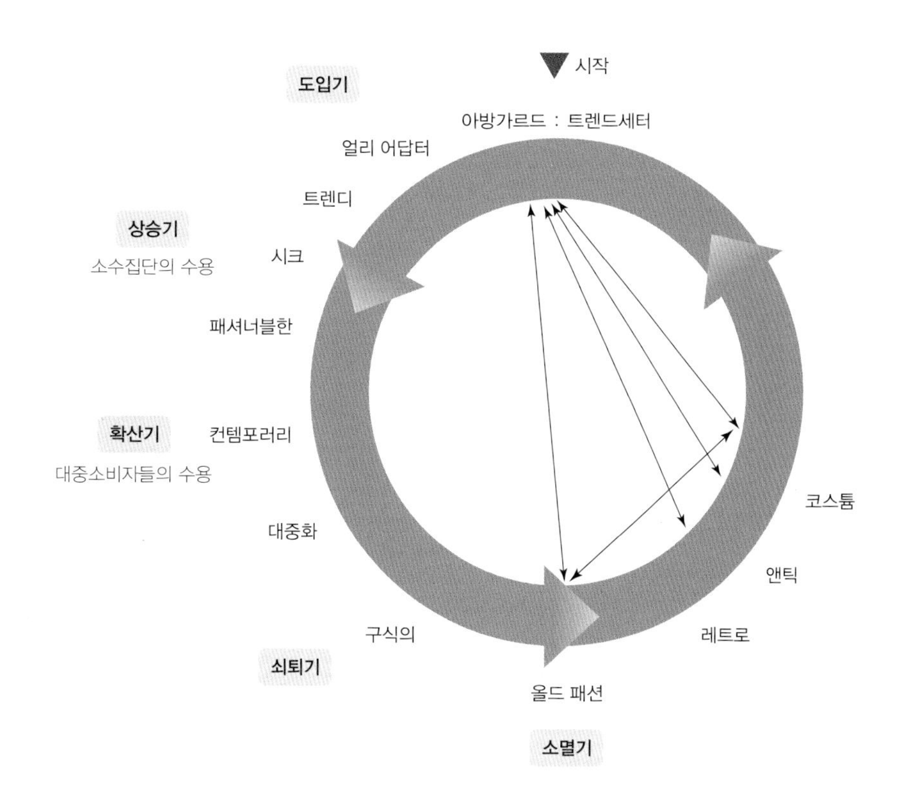

그림 4 **패션 트렌드 사이클**

(old fashion)으로 해당 트렌드는 소멸된다. 그러나 올드 패션으로 잊혀진 패션은 아방가르드와 얼리 어답터에게 흥미를 불러일으키거나 새롭게 발견되기도 하여 패션 사이클이 진행되기도 한다. 얼리 어답터들은 아주 오래된 전통의상(costume)에서 올드 패션에 이르기까지의 소위 안티 패션(anti fashion)의 영역을 오히려 중요한 패션 탄생의 영감으로 사용한다. 이러한 안티 패션은 새로운 패션에 대한 영감이 되고, 레트로 룩으로 재창조되거나 순수한 빈티지 스타일로 착용되어 다시 한 번 패션 사이클에 진입한다.

이러한 패션 트렌드는 그 시대의 사회·문화적 환경과 소비자의 요구가 반영되어 나타나며, 트렌드 정보는 패션 산업의 소재 기획·의복 생산·유통·소비자 판매 전 과정과 관련된다.

패션과 유사한 용어

의상(衣裳, costume, dress, wardrobe)

시대의상, 무대의상, 민속의상, 영화의상 등과 같이 주로 비일상적인 의복을 지칭

복식(服飾, costume)

옷의 꾸밈새, 차려입은 모양새. 옷과 장신구. 옷과 몸을 보호하고 체면이나 예의를 갖추기 위해 입고 걸친 모든 것을 말함. 실용의 목적인 옷뿐 아니라 르네상스 시대복식, 왕과 왕비의 복식처럼 시대나 특수한 의복을 나타냄

어패럴(apparel)

미국의 산업계에서 사용되기 시작하여 현재 우리나라에서도 산업적으로 사용되는 의류 전반을 지칭하는 말. 영국의 가먼트(garment)와 동의어

모드(mode)

어원은 라틴어의 'modus'에서 유래. 인간의 생활 태도, 방법 등을 가리키는 내면적인 표현 혹은 일시적인 풍속. 현대에 와서 시즌에 앞서 하이엔드 브랜드의 디자이너가 발표한 작품을 모드라 하고 대중들에게 일반화되는 것을 패션으로 구별하기도 하나 보통 모드와 패션은 같은 개념으로 사용

스타일(style)

비교적 장기간에 걸쳐 정착된 유행의 형식이나 양식을 말함. 미니멀 스타일, 샤넬 스타일처럼 디자인 특징을 스타일이라 함. 룩(look)과 비슷하게 사용. 착용자의 의식까지 포함

룩(look)

외관, 스타일의 모양을 이름. 밀리터리 룩, 페미닌 룩처럼 디자인의 요소인 형태, 소재, 색채, 무늬나 디테일 등을 포함한 의복의 대표적 특징을 이르는 말

오트쿠튀르(haute-couture)

프랑스어로 '고급 재봉', 즉 '고급 여성복 제작'을 의미. 1868년에 '파리 고급의상 조합'인 '르 샴브르 생디카 드 라 오트쿠튀르(Le Chambre Syndicale de la Haute Couture)' 설립. 최고급 소재를 사용하여 장인들의 수공예 기법으로 주문 제작됨, 기성복과 차별화된 예술성을 중시. 하이 패션(high fashion)'과 동의어이며, 연 2회 오트쿠튀르 컬렉션이 개최됨.

프레타포르테(prêt-à-porter), RTW(ready to wear)

프랑스어로 '기성품'이라는 뜻으로, 고급 기성복을 말함. 세계 4대 컬렉션으로 파리, 뉴욕, 밀라노, 런던 컬렉션이 연 2회 열림. 프레타포르테는 오트쿠튀르(haute-couture)와 함께 세계 양대 패션 컬렉션이며 특히 프레타포르테 컬렉션은 세계의 유행을 주도함

2. 디자인에 대한 이해

디자인(design)의 어원은 15~16세기 라틴어 'diségno(디세뇨)', 'dessein(데생)'으로 회화의 밑그림을 의미한다. 그리고 designare(디자네르)의 de(to separate, to take away)와 signare(sign, symbol)는 '표시하다', '기호로 나타내다'를 뜻하기도 한다. 즉, 디자인은 기존의 기호로부터 분리시켜 새로운 기호를 제시하는 어원에 근거한 인간의 의도나 설계를 말한다.

1) 디자인과 순수예술

디자인이란 용어는 건축, 인테리어, 패션 분야 등 예술과 생활 전반에 걸쳐 익숙하게 사용되고 있다. 디자인은 우연히 발생하는 것이 아니다. 오히려 우연과 반대의 개념이다. 디자인은 예술가나 디자이너들이 어떤 조형적 시각물을 만들어 내기 위해 세우는 일종의 의도와 계획이다.

패션, 건축, 인테리어 분야와 같이 인간의 생활과 관련된 디자인은 개인적인 해석과

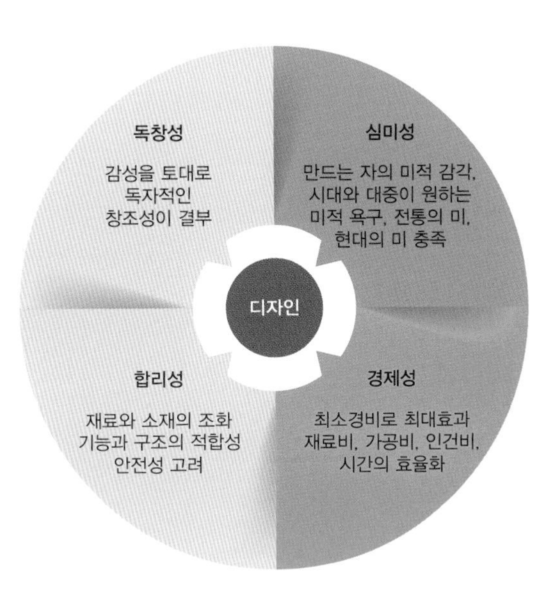

그림 5 디자인의 조건

표현이 자유로운 순수예술과는 다른 면이 있다. 디자인이란 순수예술과는 차별되어 특정한 조건과 제한에 만족하는 아름다운 시각적 조형물을 만들기 위해 미리 계획하고 실현해 나가는 행위이다. 이를 위해 경제성, 심미성, 합리성, 독창성의 조건을 수행하여야 한다.

패션, 건축, 인테리어 등의 분야는 조형적 시각물을 만들기 위해 특정한 '조건과 제한'이 부여되고 그에 맞는 시각적 해결을 요구한다. 예를 들어, '겨울 캠핑을 위한 MZ세대 남성 아웃도어 의복 디자인', '실버세대를 위한 오피스텔 디자인', '아동 놀이시설을 위한 인테리어 디자인' 등과 같은 특정한 조건과 제한이 있다. 즉, 디자인이란 일정 조건과 제한에 만족하는 시각적 조형물을 만드는 과정에서 계획하고 실현해 나가는 모든 행위를 말한다.

2) 모던 디자인의 출발

현대 패션산업의 성장은 패션기업의 거대화와 글로벌화를 만들었다. 그리고 각기 서로 다른 회사에서 진행하였던 디자인, 제작, 유통을 한 회사에서 통합하여 운영함으로써 시간과 비용을 대폭 줄이는 SPA(Speciality store retailer of Private label Apparel) 브랜드가 등장하였다. 1986년, 갭(GAP)에서 처음 이러한 시스템을 도입하였고 이후 많은 SPA 브랜드가 생겨났다. 빠른 유행패션을 양산하는 패스트 패션(fast fashion)은 이후 급속도로 성장하여 양산화되었다. 최근 글로벌화와 SPA 브랜드, 패스트 패션의 속도와 양산에 대한 반성이 등장하고 로컬리즘(localism)과 지속가능 패션(sustainable fashion)에 대한 관심이 증가되었다. 이에 따라 대량생산의 패션은 커스터마이징(customizing) 패션, 수공예 기법 등 슬로(slow) 패션과 예술적 가치를 디자인에 부여하는 움직임이 일고 있다. 이는 마치 산업혁명 이후 기계에 의해 생산된 제품에 대한 비판과 미술공예 운동이 발생했던 19세기 말의 상황을 상기시킨다. 따라서 디자인에 대한 이해의 한 측면으로 모던 디자인의 출발을 살펴볼 필요가 있다.

디자인이란 용어를 조형예술(造形藝術, formative art)과 같이 생각하기 시작한 것은 18세기 후반 영국의 산업혁명부터다. 산업혁명이 이루어지면서 기계의 발전으로 종래의 수공업에 의존하던 장인들의 일상품들이 기계로 제작되었는데, 생산량의 증대와 함께 작업과정상 제품의 질이 크게 떨어지는 폐단이 나타나게 된다. 당시 기계에 의해 만들어진 상품들의 디자인은 조잡했고 이를 감추기 위해 미술이 기계로 만들어진 제품과 결합하는 데에서부터 모던 디자인이 등장하게 된다. 존 러스킨(John Ruskin, 1819~1900, 영국의 미술평론가, 사회사상가)의 사상에 영향을 받아 윌리엄 모리스(William Morris, 1834~1896)는 영국의 산업화 결과로 발생된 많은 사회적 문제와 기계에 의존한 생활제품의 미적 파괴를 벗어날 수 있는 길은 오직 예술만이 유일한 해결책이라고 보았다. 가구, 직물디자인, 인쇄 등 응용미술 분야에서 수공업이 지니는 품위와 아름다움을 회복시키려는 공예개혁운동을 시도하였다. 이러한 일련의 움직임을 미술공예운동(Art and Craft Movement)이라 한다.

근대 디자인운동의 시작으로 보는 핵심은 가구와 공예품은 기능에 적합한 재료를 사용하고 정직한 구성으로 견고하고 실용적으로 제작되어야 한다는 것이다. 기계 의존을 거부한 점은 시대를 역행한다는 비판도 있으나 세련되고 수준 높은 장식예술의 경지를 높임으로써 근대 디자인의 발전에 큰 공헌을 하였다.

그림 6　윌리엄 모리스의 태피스트리와 암체어(19세기, William Morris Gallery, London)

PRACTICE 1

디자인의 사례와 예술의 사례를 각각 찾아보자.

3. 최근 이슈들

1) 윤리적 프로세스에 대한 책임성

현대의 패션 기업들은 경제 논리에 근거한 비용만을 기준으로 생산 공급망을 선택하는 것에 익숙해져 왔다. 이로 인해 많은 생산업체가 그동안 아동 노동 문제, 노동 환경의 열악함과 같은 인권 문제, 환경오염 등 윤리적으로 용인할 수 없는 프로세스를 묵인하였다. 대량생산, 대량소비하에서 글로벌 기업, 패스트 패션업체들이 선택한 저개발 국가들의 저가의 노동력을 이용한 비용 중심의 의사결정전략은 부정적인 결과를 불러일으켰다. 최근에는 이러한 패션 생산에서의 윤리적 프로세스 문제와 사회적 책임이 중요한 이슈가 되고 있다.

그림 7 2019년 영국 버밍혬에서 열린 지구를 오염시키는 패스트 패션 반대 시위

2) 지속가능 패션산업에 대한 인식

지속가능 패션(sustainable fashion)이란 패션의 생산-사용-폐기 과정에서 발생하는 오염물질을 줄이는 것뿐 아니라 순환적 재생산이 포함된 의류의 생산과 공정, 소비와 폐기에 이르는 전체 과정에서 환경을 고려하는 것을 말한다. 친환경 소재를 사용하고, 공정 과정에서 의류 쓰레기를 최소화하며, 재사용·재활용을 통해 오랜 기간 제품을 사용한다는 것은 이미 전 세계적인 트렌드이다.

친환경 소재(eco-friendly textile), 제로 웨이스트(zero waste), 비건(vegan) 소재, 리사이클링(re-cycling), 업사이클링(up-cycling) 디자인, 가죽과 모피 사용의 반대 등 패션 생산의 전 과정에서 지속가능에 대한 의식이 필수가 되어 가고 있다. 이제는 생산자도 소비자도 미래 세대를 위해 현존하는 자원을 고갈시키지 않으며 탄소 발생을 적극 줄임으로써 지구 환경보호를 추구하고 있다.

8

9

그림 8 리사이클 소재로 만든 의복을 파는 스웨덴 스톡홀름의 한 패션 매장(2019)
그림 9 재사용 · 재활용의 지속가능 패션

PRACTICE 2

지속가능 패션 디자인의 사례를 찾아보자.

02

FASHION DESIGN ELEMENTS

패션 디자인 요소

패션 디자인의 요소는 크게 형태, 색채, 소재로 나뉜다. 선이 모여 형성되는 3차원적인 형태에는 외부의 윤곽선인 실루엣과 내부선인 디테일과 트리밍 장식이 있다. 색채는 디자인에서 가장 먼저 눈에 띄는 요소로 의상이나 컬렉션의 방향을 인식하는 데 영향을 준다. 소재의 특성에 따라 디자인의 실루엣과 디테일을 형상화하는 방법이 달라지기 때문에 소재의 선택은 매우 중요하다. 따라서 본 장에서는 패션 디자인의 기본적인 요소인 형태, 색채, 소재에 대해 알아본다.

1. 형태

형태(form)란 다른 것과 구별되는 외관과 구조를 가진 형상을 의미한다. 형태는 의복으로의 전환 가능성을 지닌 아이디어를 제공하기 때문에 패션 디자인에 있어서 필수적인 요소이다. 즉, 패션 디자인에서 이러한 형태가 없으면 실루엣 역시 존재할 수 없다. 따라서 형태를 지탱하기 위한 기본 구조인 실루엣뿐만 아니라 그 내부를 장식하는 디테일과 트리밍의 종류와 특징에 대해 이해할 필요가 있다.

1) 선

2개 이상의 점이 모여 형성되는 선(line)은 패션 디자인의 기본 요소로 의복 전체의 형태와 시각적인 이미지를 결정한다. 패션 디자인에 사용된 가장 일반적인 선은 솔기나 다트와 같은 구성선에서 볼 수 있는데, 인체의 움직임에 따라 다양한 선이 연출되고, 사용된 소재의 색채와 재질에 따라 선의 느낌은 달라진다.

선의 종류는 크게 직선과 곡선으로 나뉜다. 직선은 딱딱하고 엄격하며 인공적인 느낌을 주는 반면, 곡선은 부드럽고 우아하며 자연스러운 느낌을 준다. 선은 방향과 굵기에 따라서도 다른 느낌과 효과가 있는데, 인체의 길이를 따라 형성되는 수직선은 긴장감과 위엄을 주는 반면, 가로로 형성된 수평선은 편안함과 차분함을 주고, 사선의 경우는 활동적이고 역동적인 느낌을 준다. 그리고 굵은 선은 강하고 딱딱한 느낌을 주는 반면, 가는 선은 섬세한 느낌을 준다 그림 1~6.

이와 같이 선에는 여러 가지 감정이 내포되어 있으므로 선이 가지고 있는 특성을 이해해서 디자인 목적에 맞게 사용해야 한다. 선은 인체의 시선을 여러 방향으로 이동시킬 수 있고 특징을 강조하거나 감출 수도 있으며 더 좁거나 넓어 보이도록 착시를 만들 수도 있기 때문에 색상과 소재를 신중하게 선택하여 의도한 선의 느낌을 살릴 수 있어야 한다.

그림 1 수직선을 활용한 디자인
그림 2 수평선을 활용한 디자인
그림 3 곡선을 활용한 디자인
그림 4 파상선을 활용한 디자인
그림 5 사선을 활용한 디자인
그림 6 지그재그선을 활용한 디자인

PRACTICE 1

패션 컬렉션(www.vogue.com, www.vogue.co.uk)에서 선을 활용한 디자인의 사례를 찾아서 선이 전체적인 디자인에서 어떠한 역할을 하는지 설명해 보자.

선의 종류			
시즌/브랜드	○○ SS ○○○ 컬렉션	○○/○○ FW ○○○ 컬렉션	○○ SS ○○○ 컬렉션
사진			
설명			

2) 실루엣

패션 디자인에서 실루엣(silhouette)은 옷의 전체적인 외형의 윤곽선으로 반드시 고려해야 하는 필수 요소이다. 실루엣은 옷이 몸에 걸쳐지는 방식이나 드레이프가 형성되는 방식에 따라 정해진다.

실루엣은 그 시대의 이상적인 체형을 표현한다고 할 수 있으며, 어느 부위를 가장 강조하고 싶은가, 옷을 어떻게 인체에 밀착시킬 것인가, 아니면 확대시킬 것인가에 의해 결정된다. 역사적으로 자연스런 인체보다 이상적으로 보이기 위해 특정 부위를 과장하는 디자인이 많이 있었다. 그 대표적인 예는 19세기에 유행했던 크리놀린(crinoline) 실루엣과 버슬(bustle) 실루엣에서 찾을 수 있으며, 20세기에도 각 시대마다 다른 실루엣이 유행했다 그림 7.

실루엣은 그 모양에 따라 일반적으로 아워글라스 실루엣, 스트레이트 실루엣, 벌크 실루엣으로 나뉜다 그림 8. 그러나 이것은 이해를 돕기 위해 형태적으로 분류한 것일 뿐, 사람의 체형과 동작에 따라 수시로 실루엣은 변하기 때문에 실제로 엄격하게 구분하는 것은 어렵다.

그림 7　20세기 패션의 실루엣 변화

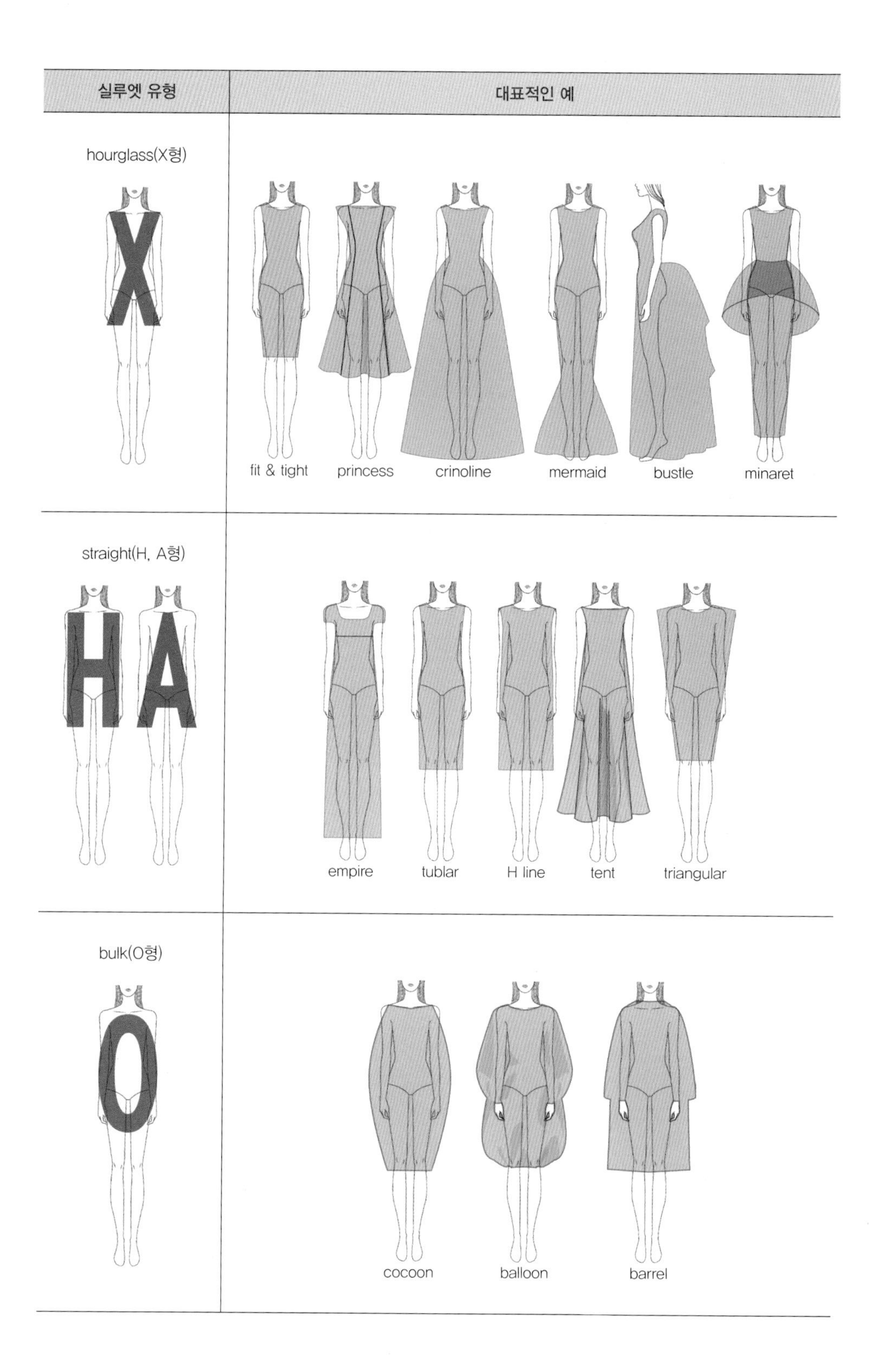
실루엣 유형
대표적인 예
hourglass(X형)
fit & tight
princess
crinoline
mermaid
bustle
minaret
straight(H, A형)
empire
tublar
H line
tent
triangular
bulk(O형)
cocoon
balloon
barrel

그림 8 실루엣 종류

(1) 아워글라스 실루엣

아워글라스(hourglass) 실루엣은 허리 부분을 조여 꽉 끼도록 강조한 X자형으로, 모래시계 형태의 실루엣이다. 대표적인 예로는 핏 앤 타이드(fit & tight) 실루엣, 프린세스(princess) 실루엣, 크리놀린(crinoline) 실루엣[1], 머메이드(mermaid) 실루엣, 버슬(bustle) 실루엣[2], 미너렛(minaret) 실루엣[3] 등이 있다 **그림 9~14**.

그림 9 **핏 앤 타이트 실루엣**
그림 10 **프린세스 실루엣**
그림 11 **크리놀린 실루엣**
그림 12 **머메이드 실루엣**
그림 13 **버슬 실루엣**
그림 14 **미너렛 실루엣**

---

1 돔 실루엣과 같은 의미로, 상반신은 타이트하고 하반신은 부풀린 종 모양의 실루엣

2 측면에서 본 실루엣으로, 엉덩이 부분을 버슬로 과장하여 곡선미를 강조한 실루엣

3 회교도의 탑을 연상시키는 형으로, 발목 길이의 좁은 스커트 위에 둥글게 퍼지도록 한 무릎 길이의 튜닉을 합친 실루엣

(2) 스트레이트 실루엣

스트레이트(straight) 실루엣은 가슴, 허리, 엉덩이 등 인체의 특정 부위를 강조하지 않는 직선적인 형태의 실루엣이다. 스트레이트 실루엣은 상하가 거의 비슷한 폭을 유지하는 H형 실루엣과 아래로 갈수록 넓어지는 A형 실루엣으로 나뉜다. H형 실루엣으로는 엠파이어 실루엣(empire), 튜블러(tubular) 실루엣, H라인(H-line) 실루엣, A형 실루엣으로는 텐트(tent) 실루엣, 트라이앵귤러(triangular) 실루엣이 대표적이다 그림 15~19.

그림 15 엠파이어 실루엣
그림 16 튜블러 실루엣
그림 17 H라인 실루엣
그림 18 텐트 실루엣
그림 19 트라이앵글러 실루엣

(3) 벌크 실루엣

벌크(bulk) 실루엣은 인체의 중심 부분인 가슴과 배를 부풀리고 헴 라인을 좁게 한 O형 실루엣으로, 코쿤(cocoon) 실루엣, 벌룬(balloon) 실루엣, 배럴(barrel) 실루엣이 있다 그림 20~22. 코쿤 실루엣은 누에고치 형태의 둥근 실루엣이고, 벌룬 실루엣은 풍선처럼 헴 라인에 주름을 잡아 크게 부풀린 실루엣이다. 그리고 배럴 실루엣은 중간 부분이 불룩한 통 모양을 따서 붙여진 명칭으로, 몸통 부분이 불룩한 실루엣이다.

그림 20 **코쿤 실루엣**
그림 21 **벌룬 실루엣**
그림 22 **배럴 실루엣**

3) 장식

일반적으로 의복의 장식은 디테일(detail)과 트리밍(trimming)으로 구분된다. 실루엣이 옷의 외형이라면 디테일은 '세부, 세목, 부분'이라는 뜻으로 옷의 내부를 꾸미는 역할을 한다. 디테일은 의복을 만드는 봉제 과정에서 옷감을 이용하여 제작하는 장식이며, 트리밍은 별도로 제작하여 부착하는 장식이라는 점에서 구분이 된다.

(1) 디테일

디테일은 의복의 일부분으로서의 디테일, 표현 장식으로서의 주름과 스티치 디테일, 기타 장식 디테일로 구분된다.

① 의복의 일부분으로서의 디테일

네크라인, 칼라, 소매, 커프스, 포켓 등 의복의 일부분을 구성하는 디테일이다.

네크라인 네크라인(neckline)은 목과 어깨를 연결하여 가슴선에 이르는 목선으로 목, 어깨, 가슴 부분의 모양과 파인 정도에 따라서 다양하다. 얼굴의 형과 크기, 어깨의 경사와 폭 등을 고려해야 하며 선의 성격과 이미지를 효과적으로 응용하여 디자인해야 한다. 기본적으로 라운드형의 경우 파임의 정도, 보트형은 높낮이와 어깨의 노출 정도, 그리고 브이형이나 스퀘어형의 경우는 폭과 길이, 네크라인의 높낮이 등에 따라 다양한 명칭이 있다.

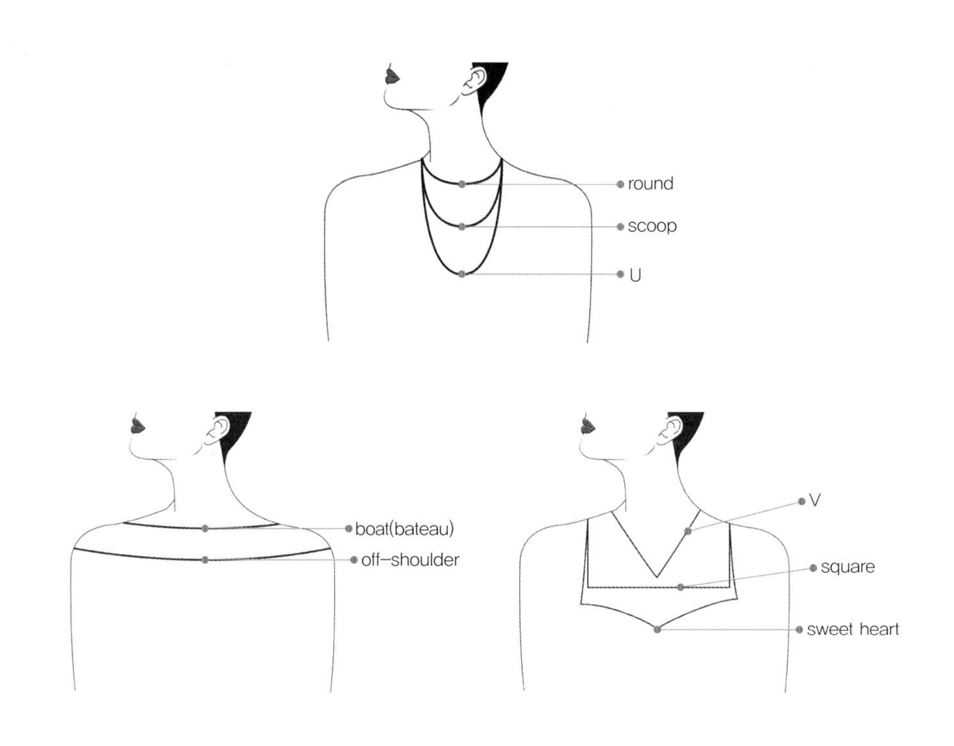

그림 23 네크라인 기본 분류

크루(crew)
헨리네크라인(Henry-neck)
스캘럽(scallop)
카울(cowl)
드레이프(drape)
베어드롭(bare-drop)
키홀(keyhole)
슬릿(slit)
브이(V)
플런징(plunging)
홀터(halter)
카디건(cardigan)
스퀘어(square)
캐미솔(camisole)
사브리나(Sabrina)
오프숄더(off-shoulder)
원숄더(one-shoulder)
퍼널(funnel)
하이네크라인(high-neckline)
슈거백(sugar-bag)

그림 24 **네크라인 종류**

칼라 칼라(collar)는 네크라인을 따라 목 주위를 장식하는 깃을 말하는데 셔츠, 블라우스, 재킷 등의 디자인 이미지를 표현하며 기능적인 면과 함께 착용자의 인상을 결정하는 데 중요하다. 얼굴형, 목 길이 및 굵기, 체형 등에 따라 크기나 형태가 고려되어야 한다. 칼라의 높낮이, 라펠(lapel)의 유무 등 제도법에 따라 플랫, 스탠드, 셔츠, 테일러드 칼라 그리고 기타 장식 칼라로 분류된다.

- 플랫 칼라(flat collar) : 네크 밴드 없이 네크라인에 평평하게 달리는 칼라의 총칭이다.

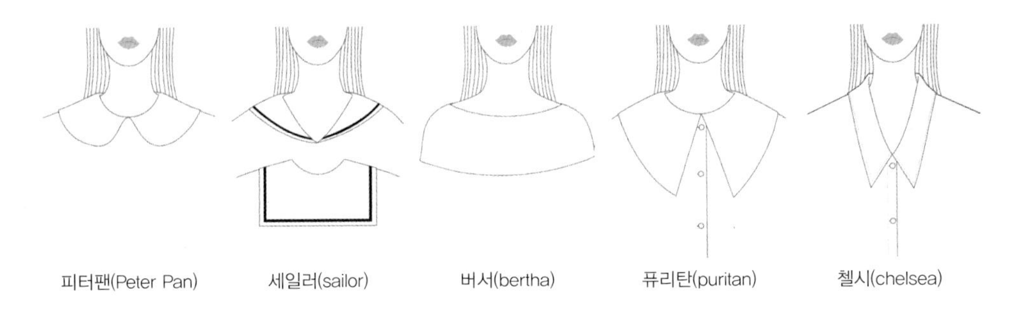

그림 25 **플랫 칼라의 종류**

- 스탠드 칼라(stand collar) : 네크라인에서 올라가 목을 감싸듯이 서 있는 형태의 칼라를 말한다.

그림 26 **스탠드 칼라의 종류**

- 셔츠 칼라(shirts collar) : 셔츠에 많이 사용하는 칼라를 말한다. 네크 밴드가 있거나 밴드 없이 칼라의 뒷부분이 세워지고 칼라의 끝이 뾰족한 스타일을 말한다.

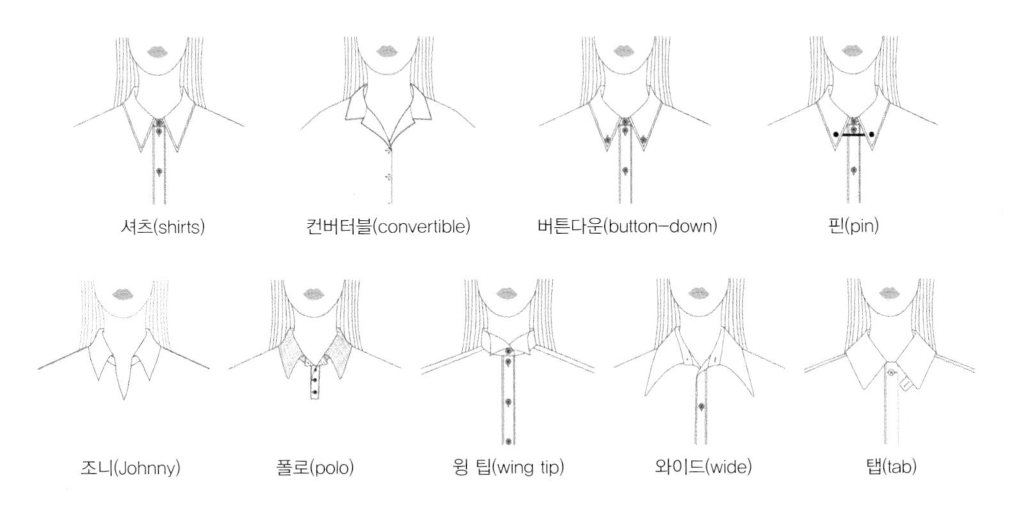

그림 27 **셔츠 칼라의 종류**

- 테일러드 칼라(tailored collar) : 18세기 남성복 코트에서 유래된 칼라로 윗 깃(collar)과 아래 깃(라펠, lapel)이 있는 것을 말한다. 남성복과 여성복의 재킷이나 코트 등에서 볼 수 있으며 테일러드 칼라의 변형으로 라펠이 없이 연결된 형태도 있다.

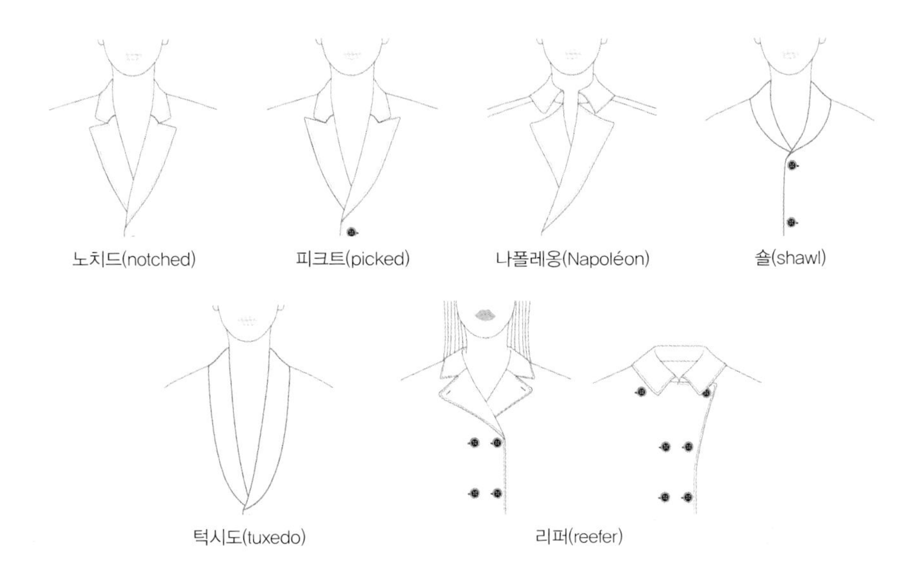

그림 28 **테일러드 칼라의 종류**

• 기타 장식 칼라

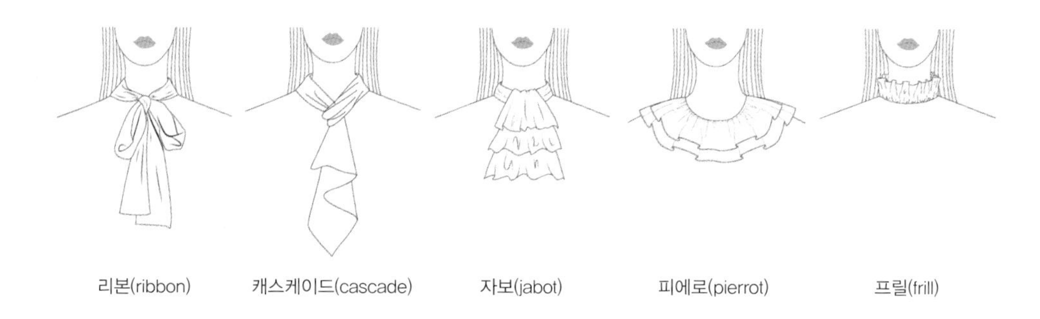

그림 29 **장식 칼라의 종류**

소매 소매(sleeves)는 소매의 구성방법, 소매의 길이, 소매 폭의 정도나 소매 끝의 모양, 그리고 장식에 따라 분류된다.

소매 달림 위치에 따른 분류

- 셋 인 슬리브(원형 소매), 웨지 슬리브, 드롭 슬리브
- 래글런 슬리브, 새들 슬리브
- 기모노 슬리브, 돌만 슬리브, 배트 윙 슬리브

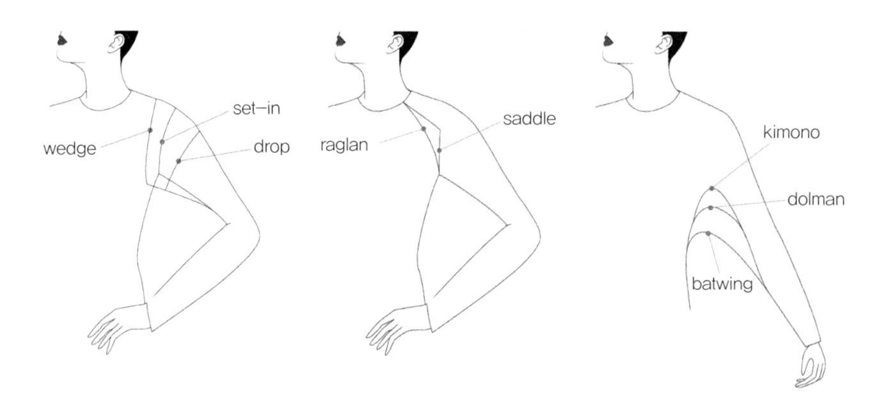

그림 30 **소매 달림 위치에 따른 분류**

소매 길이에 따른 분류

- 슬리브리스, 민소매
- 캡 슬리브
- 쇼트 슬리브, 3부 소매
- 반소매, 엘보 렝스 슬리브
- 7부 소매
- 8부 소매, 브레이슬릿 슬리브
- 롱 슬리브, 긴 소매
- 엔젤 슬리브

sleeveless
cap
short
elbow length
bracelet
long
angel

그림 31 **소매 길이에 따른 분류**

소매 재단에 따른 분류

- 한 장 소매–패턴이 한 장인 소매
- 두 장 소매–패턴이 두 장인 소매
- 바이어스 소매

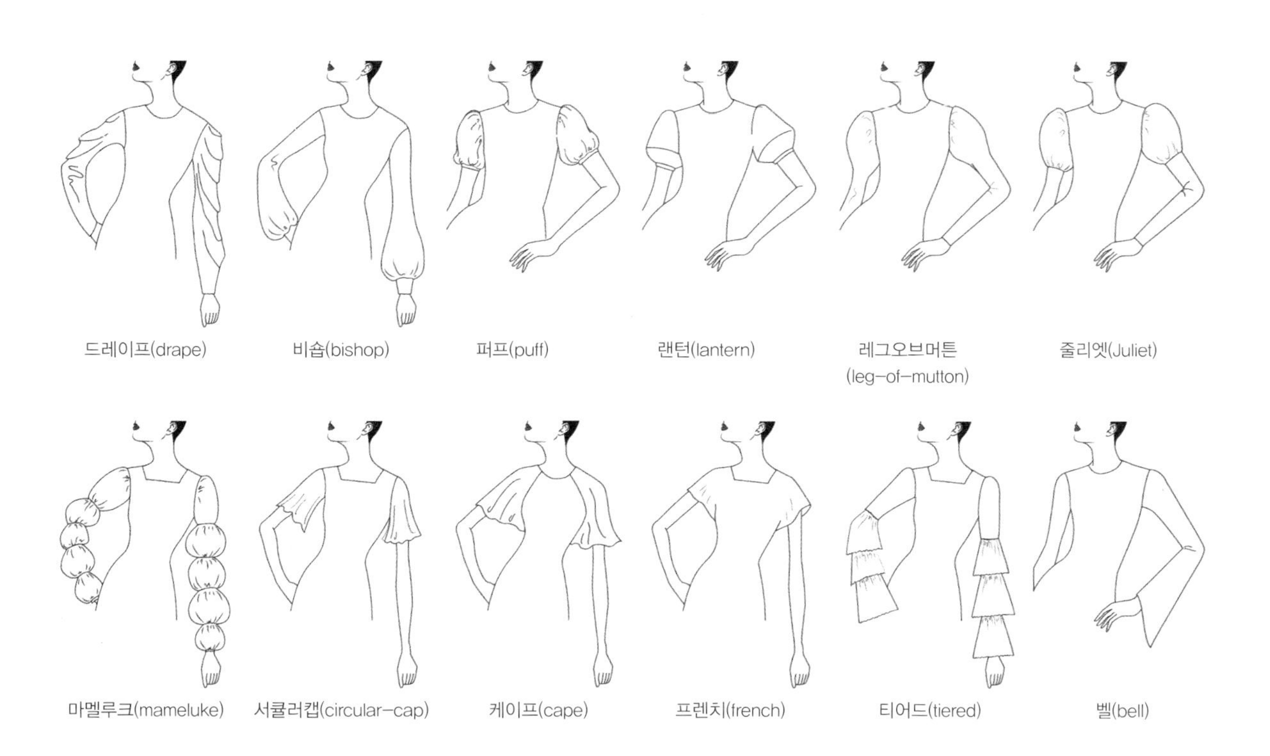

그림 32 **소매 모양에 따른 종류**

포켓 포켓(pocket)은 기능적인 포켓과 장식적인 포켓으로 구분되며, 포켓을 다는 방법과 위치 등에 따라 다양한 디자인을 고려할 수 있다. 포켓의 종류로는 포켓의 모양 그대로 몸판 위에 붙이는 아웃 포켓(out pocket), 즉 패치 포켓(patch pocket)과 셋인 포켓(set-in pocket)이 있으며 셋인 포켓은 플랩(flap)이 달린 경우와 포켓 입구의 모양에 따라 구분된다. 그리고 봉제선 안쪽에 붙이는 심 포켓(seam pocket)이 있다.

- 아웃 포켓 : 패치 포켓이라고도 한다. 스포티하고 기능적인 의복에 많이 사용된다. 패치(patch) 포켓, 캥거루 포켓, 카고 포켓, 엔벨로프 포켓, 벨로스 포켓 등이 있다.
- 셋인 포켓 : 포켓의 입구, 즉 손이 들어가는 트임이 의복의 바깥 부분에 있고 안쪽으로 주머니를 다는 포켓을 말한다. 신사복의 정장 재킷이나 코트 등에 활용된다. 플랩 포켓, 입술 모양의 웰트 포켓, 바운드 포켓 등이 있다.
- 심 포켓 : 옆 솔기나 요크 솔기 부분을 주머니 트임으로 이용하는 포켓의 총칭이다. 요크 심 포켓, 사이드 심 포켓 등이 있다.

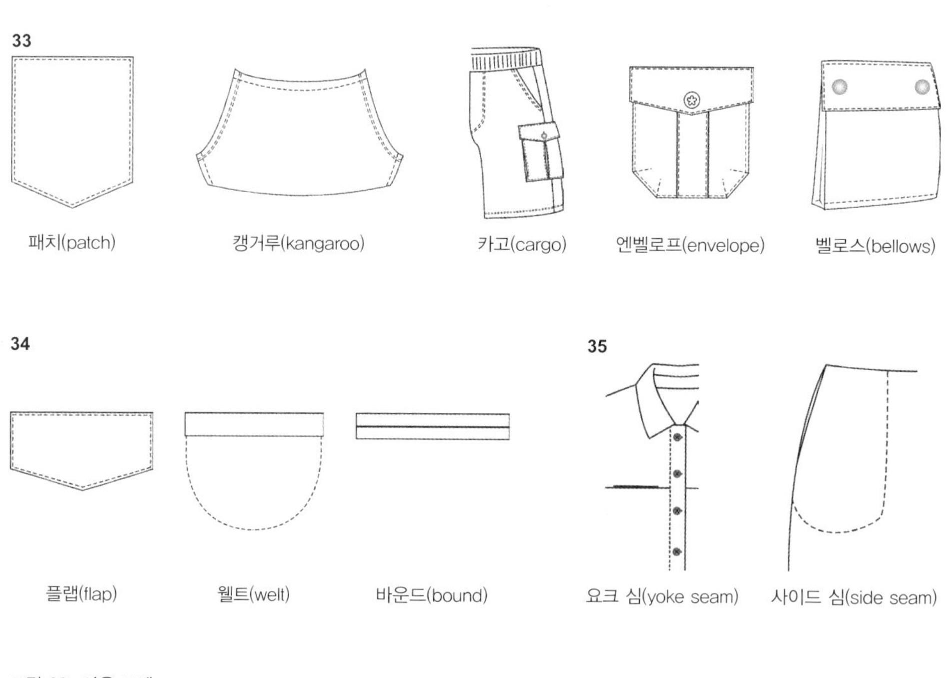

그림 33 아웃 포켓
그림 34 셋인 포켓
그림 35 심 포켓

② 표현 장식으로서의 주름과 스티치 디테일

주름 장식 주름 디테일에는 크게 드레이프(drape)와 플리츠(pleats), 개더(gather) 등이 있다. 드레이프는 부드럽고 자연스러운 부정형의 주름을 말하며 플리츠는 일정한 간격이나 방향으로 천을 접어서 생기는 주름, 개더는 스티치를 당겨서 만드는 주름으로 그 종류가 다양하다.

그림 36 드레이프, 플리츠, 개더 등 주름을 활용한 디자인

- 러플(ruffle) : '꾸깃꾸깃하게 하다, 주름을 잡다'라는 뜻으로 네크라인, 소맷단 등 옷의 가장자리에 개더를 잡아 만든 장식이다. 프릴보다는 폭이 넓다.
- 프릴(frill) : 좁은 천의 한쪽에 개더를 잡아 만든 가장자리 장식으로 아기자기한 주름을 연출하는 장식이다. 러플과 유사하나 폭이 좁다.
- 개더(gather) : '모으다'라는 뜻으로 천을 조밀하게 모아 손이나 재봉틀로 성글게 박은 후 당겨서 주름을 만들고 위를 다시 박아 고정시켜 만든 주름을 말한다.
- 플라운스(flounce) : 얇고 부드러운 천을 둥글게 바이어스로 재단하여 의복에 붙임으로써 물결과 같은 자연스러운 주름 장식이다. 칼라나 스커트자락 등 가장자리 부분에 활용된다.
- 나이프(knife) 플리츠 : 사이드(side) 플리츠라고도 하며 한쪽 방향으로 나란히 주름이 잡힌 플리츠를 말한다.

- 아코디언(accordion) 플리츠 : 아코디언 악기의 주름처럼 위쪽은 좁고 아래쪽은 넓게 퍼지는 주름을 말하며 크리스털(crystal) 플리츠, 엄브렐러(umbrella) 플리츠라고 하기도 한다.
- 박스(box) 플리츠 : 서로 반대방향으로 접어서 주름을 잡은 더블 플리츠로, 접은 선이 뒷면에서 마주하여 마치 상자와 같은 형태의 모양이 생겨서 붙여진 명칭이다.

그림 37 러플(ruffle)
그림 38 프릴(frill)
그림 39 개더(gather)
그림 40 플라운스(flounce)
그림 41 나이프 플리츠 (knife pleats)
그림 42 아코디언 플리츠 (accordion pleats)
그림 43 박스 플리츠 (box pleats)
그림 44 인버티드 플리츠 (inverted pleats)

• 인버티드(inverted) 플리츠 : 중심선을 향하여 서로 마주 보도록 잡은 주름으로 박스 플리츠와 반대 방향을 이루는 주름이다. 맞주름이라고도 한다.

• 턱(tuck) : 주름겹단이다. 주름을 넓거나 좁게 겹으로 박아서 만든 주름으로 좁게 접어 박은 턱은 다트의 역할을 하기도 한다.

• 셔링(shirring) : 개더를 평행하게 여러 단으로 만들어 생긴 주름이다. 천에 적당한 간격을 두고 여러 단을 박아 밑실을 당겨 만드는 잔주름을 말한다.

• 뤼슈(ruche) : 일정한 넓이의 레이스나 얇은 천에 양쪽 가장자리를 처리한 후 가운데 부분에 개더나 플리츠를 잡아당겨 양쪽으로 주름이 생기도록 모양을 낸 장식 주름이다.

• 스모킹(smocking) : 천에 규칙적으로 스티치하여 다이아몬드, 삼각형 등의 입체적 주름 무늬가 나타나도록 한 장식이다.

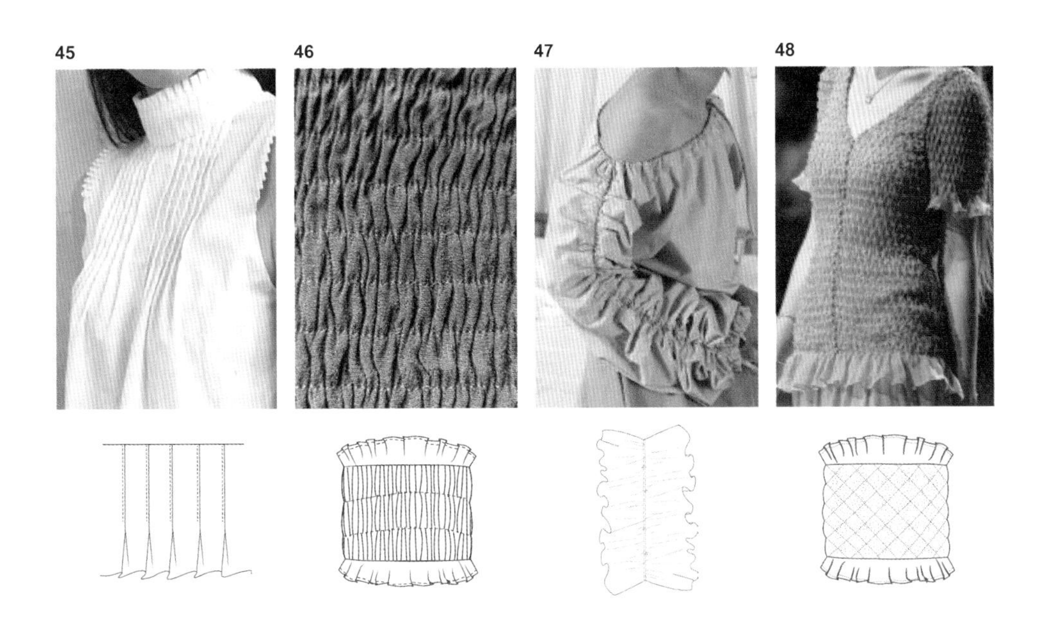

그림 45 **턱(tuck)**
그림 46 **셔링(shirring)**
그림 47 **뤼슈(ruche)**
그림 48 **스모킹(smocking)**

스티치 장식

- 톱 스티칭(top stitching) : 동색 또는 대비되는 색실로 상침하여 장식 효과를 내는 스티치 기법이다.
- 새들 스티칭(saddle stitching) : 러닝 스티치(running stitch)라고도 하며 겉과 안의 바늘땀이 같은 홈질로 도안의 윤곽이나 선을 강조할 때 사용하는 장식 스티치이다.
- 패치 워크(patch work) : 여러 종류의 색상, 무늬, 소재의 작은 천 조각을 꿰매 붙이는 장식 기법이다.
- 아플리케(appliqué) : 여러 종류의 천을 오려 붙여서 무늬를 입체적으로 만드는 장식이다. 가장자리는 버튼홀 스티치 등으로 고정시킨다.
- 패고팅(fagoting) : 천의 씨실을 뽑고 날실을 몇 가닥씩 합쳐 다발 모양으로 얽는 매듭기법의 장식이다.
- 베이닝(veining) : 천 두 장을 실로 꿰매가면서 연결시키는 방법으로 양쪽을 새발뜨기로 연결하여 표면 효과나 레이스의 느낌을 주기도 하는 장식이다.
- 퀼팅(quilting) : 두 장의 천 사이에 솜이나 심을 넣고 촘촘하게 봉제하여 입체적으로 부풀린 장식을 말한다.

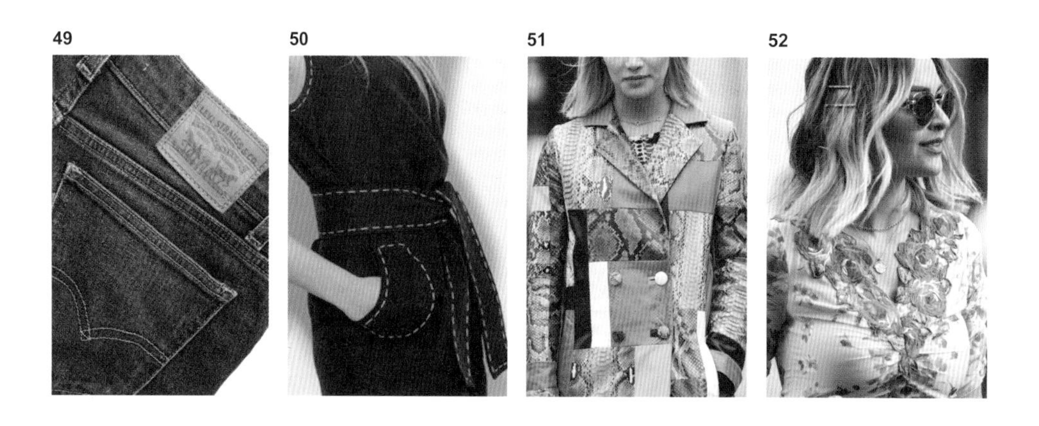

그림 49 톱 스티칭(top stitching)
그림 50 새들 스티칭(saddle stitching)
그림 51 패치워크(patch-work)
그림 52 아플리케(appliqué)

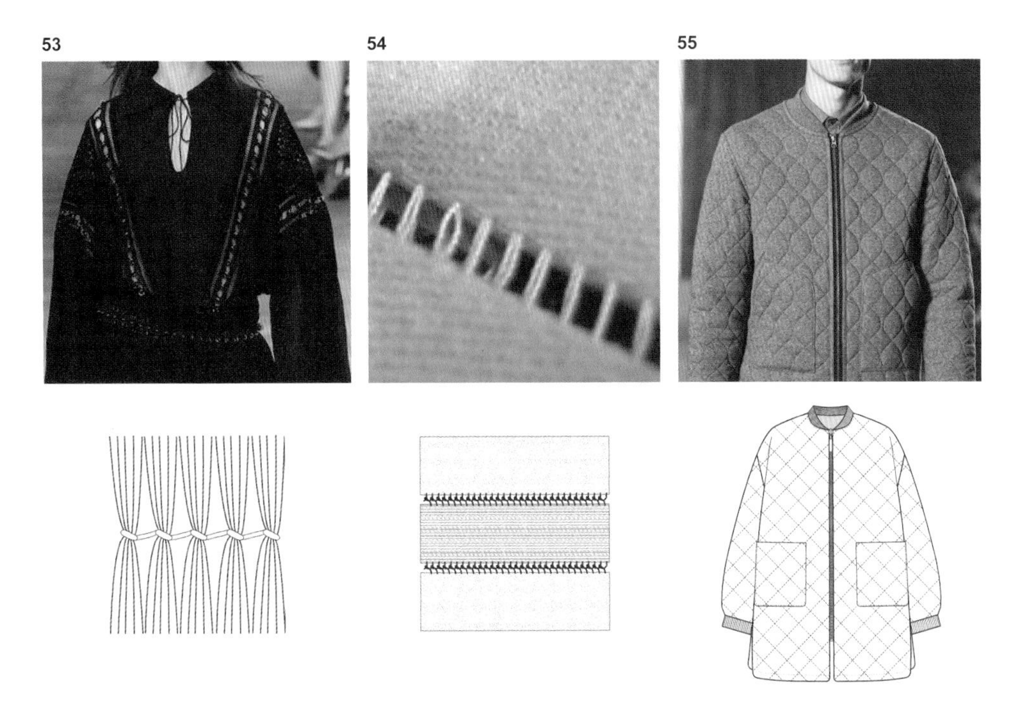

그림 53 **패고팅(fagoting)**
그림 54 **베이닝(veining)**
그림 55 **퀼팅(quilting)**

기타 장식

- 스캘럽(scallop) : '가리비조개 껍데기라'는 뜻으로 파상적인 모양의 가장자리 장식이다.
- 탭(tab) : 조임단을 말하며 기능과 장식의 역할을 한다. 금속으로 만든 조임 장식을 달기도 한다.
- 파이핑(piping) : 바이어스 테이프로 감싸서 정리하는 테두리 장식으로 사이에 굵은 실 코드(cord)를 넣기도 한다.
- 바인딩(binding) : 끈으로 '묶다 · 휘감치다 · 말다' 등의 뜻으로, 네크라인이나 의복의 가장자리에 올 풀림을 막고 장식을 위해 바이어스 테이프 등으로 감아서 박는 끝처리 방법을 말한다. 의복과 배색하면 장식 효과가 좋다.
- 슬릿(slit) : 옷의 가장자리나 표면에 길게 트임을 내는 장식이다.
- 컷아웃(cut-out) : 의복의 천을 도려내어 무늬를 내거나 재단과 재봉을 통해 구멍을 내는 장식 기법이다.

• 로 엣지(raw edge) : '원자재의·가공 되지 않은'의 의미로 의복의 가장자리를 마무리 재봉하지 않고 헐겁게 올을 풀어헤치는 장식이다.

• 프린징(fringing) : 천의 끝에 달린 술 장식이다. 긴 실이나 천을 잘라 매듭을 지어 묶거나 올을 길게 풀어 만든다.

그림 56 스캘럽(scallop)
그림 57 탭(tab)
그림 58 파이핑(piping)
그림 59 바인딩(binding)
그림 60 슬릿(slit)
그림 61 컷아웃(cut-out)
그림 62 로 엣지(raw edge)
그림 63 프린징(fringing)

(2) 트리밍

트리밍(trimming)이란 미적인 목적으로 완성된 의복에 별도로 제작하여 부착하는 장식을 말한다. 브레이드, 레이스, 리본, 퍼, 시퀸, 비즈, 스팽글, 핫픽스, 코사지 등이 있다. 그 밖에 기능과 장식의 목적을 함께 표현하기 위한 트리밍으로 장식 퍼, 리본, 단추, 지퍼, 벨트 버클 등이 있다.

- 브레이드(braid) : 다양한 색채의 실이나 천을 좁게 짜거나 꼬아서 만든 끈 장식으로 넓이와 모양이 매우 다양하다. 샤넬 수트의 가장자리 단에 붙인 장식이 대표적이다.
- 레이스(lace) : 꼬임으로 엮거나 니트 크로셰(crochet)의 원리에 의해 만든 얇게 비치는 장식용 천이다.
- 시퀸(sequin) : 의복에 다는 원형의 작은 금속, 플라스틱, 합성수지로 만든 물고기 비늘과 같은 장식이다. 원단 자체로 만들어져 나오기도 하며 무대의상, 야회복 등에 활용이 된다. 스팽글로도 불린다.
- 스팽글(spangle) : 작은 금속이나 플라스틱, 합성수지 등으로 만든 반짝이는 장식이다. 시퀸과 유사하다.

64

65

66

그림 64 브레이드(braid)
그림 65 레이스(lace)
그림 66 시퀸(sequin), 스팽글(spangle)

- 핫픽스(hot-fix) : 큐빅(cubic)과 유사한 장식이다. 아크릴로 만들어지는 장식제품으로 주로 뒷면에 본드가 붙어 있어서 다리미로 옷에 부착한다.
- 비즈(beads) : 유리나 플라스틱으로 만든 구멍 뚫린 구슬 장식을 말한다. 구멍으로 실을 꿰어 의복에 부착하여 장식한다.
- 3D 프린팅(3D printing) 장식 : 디지털 패션 테크놀로지의 하나이다. 3차원 입체 프린팅 기술을 이용한 장식으로 나일론, 플라스틱, 금속 소재 등 다양한 장식이 가능하다.

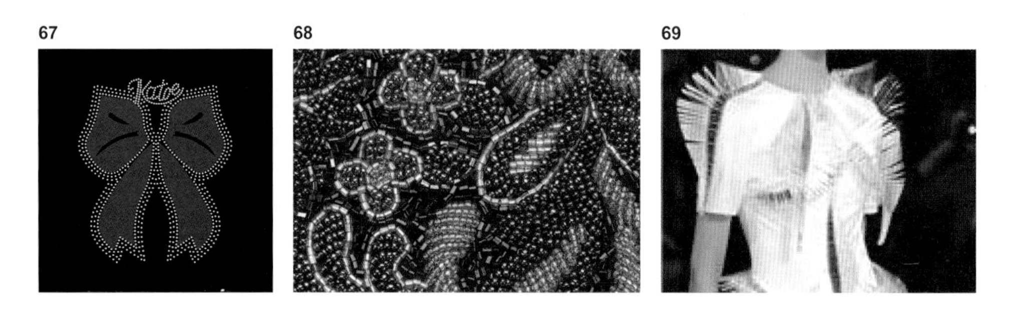

그림 67 **핫픽스(hot-fix)** 그림 68 **비즈(beads)** 그림 69 **3D 프린팅(3D printing)**

- 스트링(string) : 끈, 노끈, 줄을 말한다. 의복 표면에 붙여 모양을 내거나 스토퍼에 연결시켜 활용하는 장식이다.
- 스토퍼(stopper) : '막는다(stop)'는 뜻의 스토퍼는 코드를 넣어서 끈을 조절하거나 조이는 용도로 사용하는 부자재이다. 순수한 장식 목적으로 사용되기도 하고 주름을 자유롭게 연출하는 장식 용도로 사용하기도 한다.
- 루프(loop) : 바이어스 재단으로 만든 작은 원형 끈을 연속하여 반원형 혹은 원형으로 만든 고리이다. 단춧구멍의 기능으로 사용하거나 장식으로 사용하기도 한다.

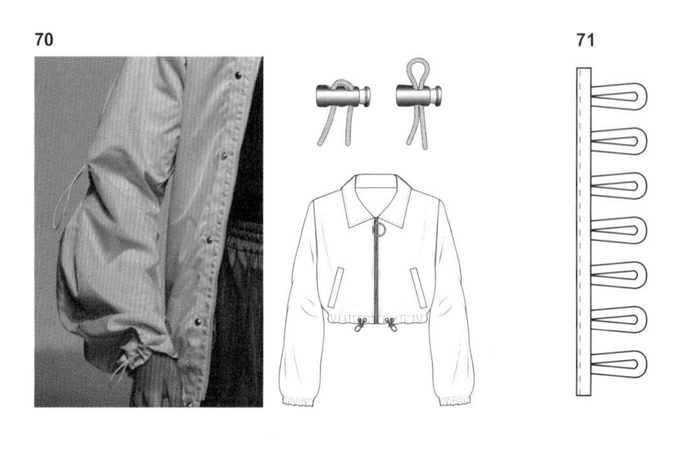

그림 70 **스트링(string), 스토퍼(stopper)** 그림 71 **루프(loop)**

- 코사지(corsage) : 생화나 조화, 기타 원단을 활용한 작은 꽃 모양 장식이다. 앞가슴이나 팔목 등에 장식한다.
- 리본(ribbon) : 직물을 좁고 길게 잘라서 긴 끈 모양으로 모양을 잡은 장식이다.
- 아일릿(eyelet) : 가죽이나 옷감 등에 구멍을 뚫어서 마감하거나 끈을 끼워 사용할 때 소재가 찢어지지 않게 하는 용도로 시작된 금속의 작은 테두리 장식을 말한다. 끈을 연결하거나 끈 없이 구멍 장식으로만 사용하기도 한다.
- 스터드(stud) : 원래는 신체의 피어싱에 사용되는 금속, 보석 등 장식품을 말한다. 의복에서는 2개의 버튼 형식으로 구성되어 가죽 제품에 고정하여 표면에 두드러지는 장식으로 사용된다.
- 엠블렘(emblem) : '문장(紋章)'을 뜻하는 용어로 학교나 스포츠 클럽의 심벌 마크를 자수로 만들어 블레이저(blazer)나 유니폼의 가슴에 다는 장식이다. 독일어로는 바펜(wappen, 와펜)이라고 한다.

72 73

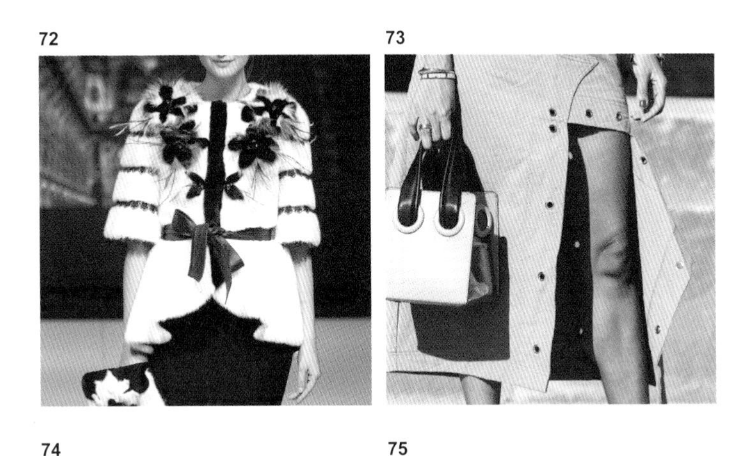

74

75

그림 72 코사지(cordage), 리본(ribbon)　그림 73 아일릿(eyelet)
그림 74 스터드(stud)　그림 75 엠블렘(emblem)

2. 색채

색(color)이란 빛이 눈을 자극함으로써 생기는 시감각이다. 색을 지각하기 위해서는 빛(광원), 물체, 관찰자의 눈이라는 세 가지 요소가 필요하다 그림 76. 빛은 여러 파장으로 구성되어 있는데, 이 중 특정 물체에 닿은 후 반사된 빛의 파장에 따라 우리가 눈으로 볼 수 있는 색이 결정된다. 사과가 빨간색으로 보이는 이유는 빛을 받은 물체가 다른 색은 모두 흡수하고 빨간색만 반사하기 때문이다.

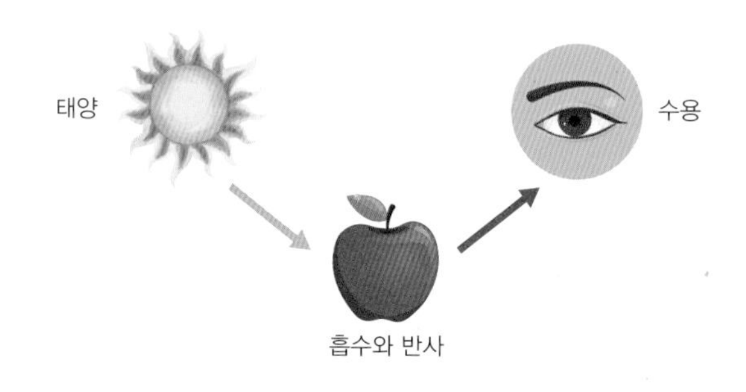

그림 76 색을 지각하기 위한 세 가지 요소

1) 색의 삼속성과 색입체

색은 색상(hue), 명도(value), 채도(chroma)의 삼속성을 지닌다. 색상은 빛이 프리즘을 통과했을 때 나타나는 것으로 빨강, 노랑, 파랑이라는 색의 차이에 따라 주어진 이름이다. 이러한 색상을 둥글게 고리 모양으로 배열한 것이 색상환이다. 이들 색상을 유채색이라고 하고, 유채색은 색의 삼속성을 모두 가지고 있다. 명도는 색의 밝고 어두운 정도를 의미하고 일반적으로 숫자 0~10 사이로 표시한다. 명도가 가장 낮은 0은 검은색, 가장 높은 10은 흰색에 해당한다. 검은색과 흰색 사이는 회색이며, 검은색, 회색, 흰색은 모두 무채색에 해당한다. 채도는 색의 맑고 탁한 정도를 말하며 채도가 높을수록 순색에 가깝고, 순색에 회색을 더한 정도에 따라 색이 탁해지면서 채도가 낮아지며, 무채색이 되면 채도는 0이 된다 그림 77.

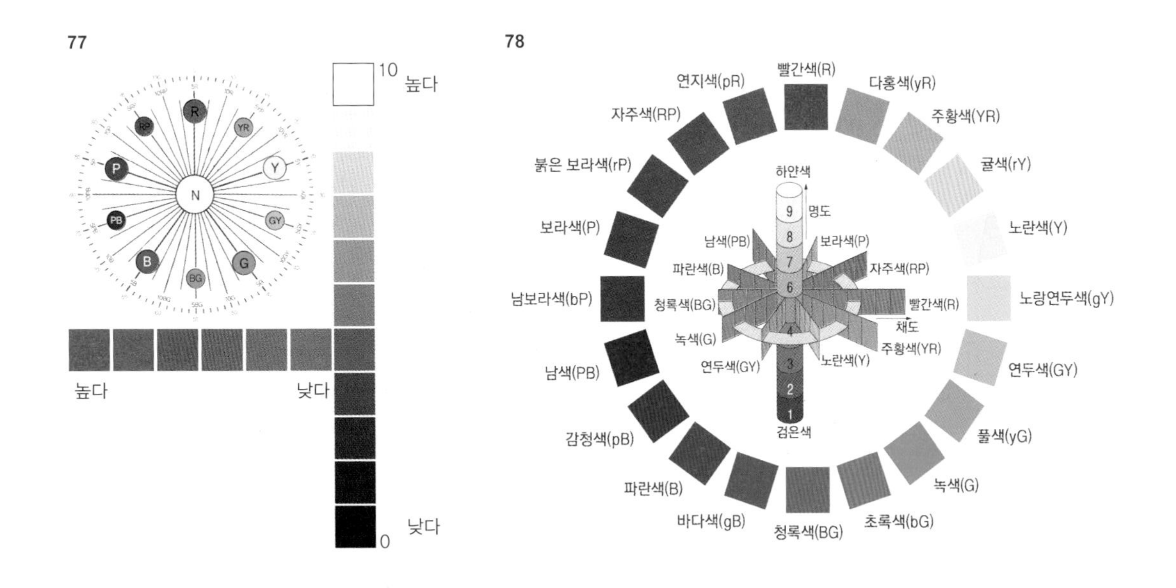

그림 77 **색의 삼속성**
그림 78 **먼셀의 색입체**

색의 삼속성을 한 눈에 확인할 수 있는 것이 색입체이다. 색입체는 가운데에 있는 무채색이 명도에 따라 검은색에서 흰색까지 아래에서 위로 수직으로 기둥을 형성하고, 채도가 0인 무채색 기둥에서 직각으로 나가면서 점점 채도가 높은 색을 배치하는데, 가장 바깥 부분의 순색은 색상에 따라 색상환을 이룬다. 먼셀이 고안한 먼셀 색입체 **그림 78** 은 색상, 명도, 채도를 HV/C 형식에 맞춰 번호로 표시한 것으로, 현재 우리나라의 공업규격으로 제정되어 있으며 교육용으로도 채택되어 사용되고 있다.

색의 톤(tone, 색조)은 명도와 채도의 복합개념으로, 색의 상태를 유사한 명도와 채도의 색을 그룹화하여 분류한 것이다. 1964년 일본 색채연구소가 발표한 PCCS (Practical Color Coordination System) 색체계 **그림 79** 에서 톤은 12종류, 명도는 5단계로 분류한 반면, 한국산업규격(KS)의 색체계 **그림 80** 에서 톤은 13종류, 명도는 10단계로 되어 있다. 이와 같이 두 색체계는 톤의 분류와 명도 단계에 있어서 차이가 있는데, KS에서는 PCCS의 페일(p)을 화이티시(wh; whitish)로, 라이트(lt)를 페일(pl)로, 브라이트(b)를 라이트(lt)로 표기하고 블랙키시(bk; blackish)톤을 첨가해서 총 13개의 톤으로 분류하고, 기본 색명에 색조 형용사와 같은 수식어를 붙여 사용하고 있다.

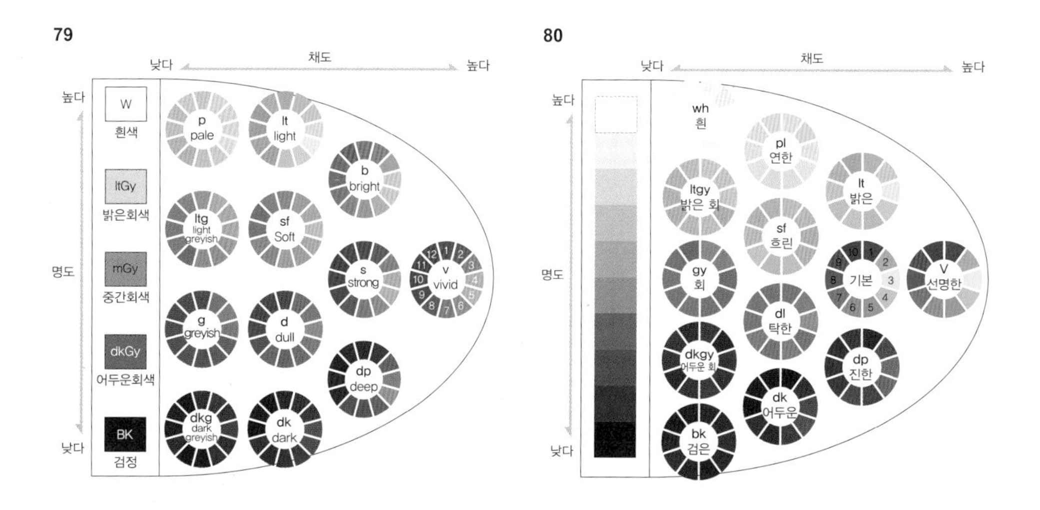

그림 79 PCCS 색체계
그림 80 한국산업규격(KS) 색체계

2) 색의 느낌과 감정

(1) 온도감

색에는 따뜻한 느낌의 난색과 차가워 보이는 느낌의 한색이 있다 그림 81. 일반적으로 난색은 따뜻한 이미지와 함께 활발한 이미지를 주고 자유로우며 발랄하게 보이는 반면, 한색은 차가우면서 침착한 이미지로 온화하고 경험이 풍부하며 성숙해 보인다.

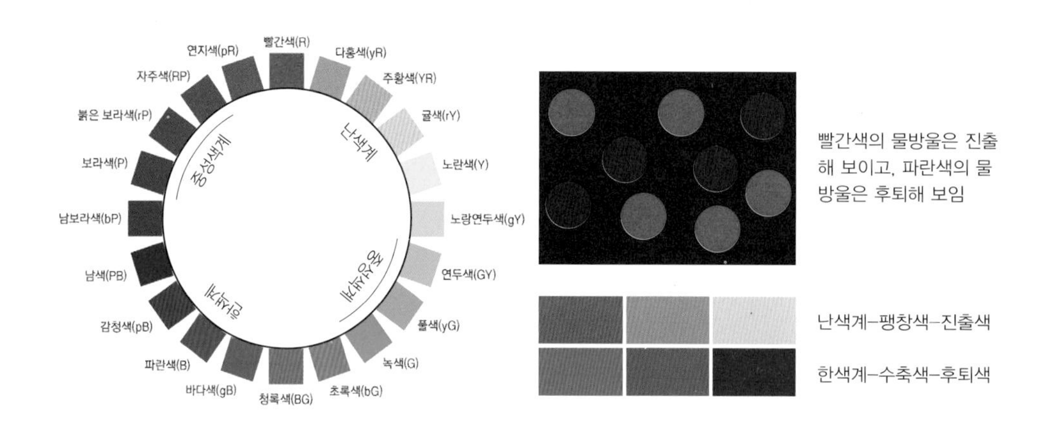

그림 81 색의 온도감

(2) 중량감

저명도의 색은 무거운 느낌을, 고명도의 색은 가벼운 느낌을 준다 그림 82. 그리고 선명한 채도는 젊고 발랄한 느낌을, 탁한 채도와 무채색은 성숙한 느낌의 세련미와 평온함을 준다. 밝은 색조는 순수하고 젊고 천진난만하게 보이고, 어두운 색조는 부드럽고 완숙하고 나이 들어 보인다. 이를 디자인 용도에 따라 적절하게 이용하면 다양한 디자인 효과를 얻을 수 있다.

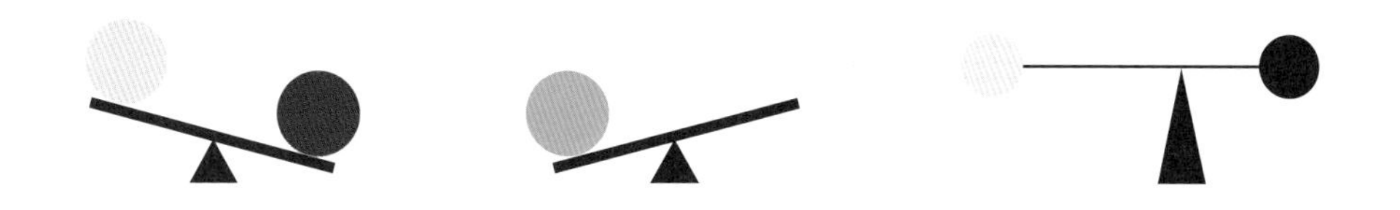

그림 82 색의 중량감

(3) 운동감

색은 진출, 후퇴, 팽창, 수축감 등의 운동감을 나타내는데, 이는 배경색에 따라 상대적인 느낌으로 표현된다 그림 83. 난색, 고채도, 고명도의 색은 팽창 진출색이고, 한색, 저채도, 저명도의 색은 수축 후퇴색이다. 예를 들면 난색은 전진하는 느낌과 함께 면적감이 커서 의복으로 착용했을 때 체형이 커 보일 수 있고, 한색의 경우는 후퇴하는 느낌을 주어 면적감이 작으므로 체형이 작아 보일 수 있다.

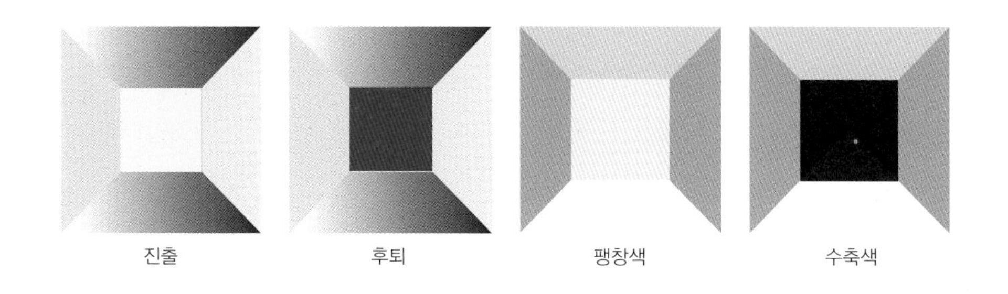

그림 83 색의 운동감

(4) 면적감

색의 종류에 따라 동일한 면적인 경우에도 크기는 다르게 보인다. 예를 들면 노랑과 보라의 상대적 힘이 9 : 3이므로 각각 3 : 9의 비율일 때 같은 면적으로 느껴진다. 그리고 명도가 높은 색채의 경우도 가벼워 보이면서 면적감이 큰 반면, 명도가 낮은 색채는 무거워 보이면서 면적이 작아 보이는 효과가 있다 그림 84.

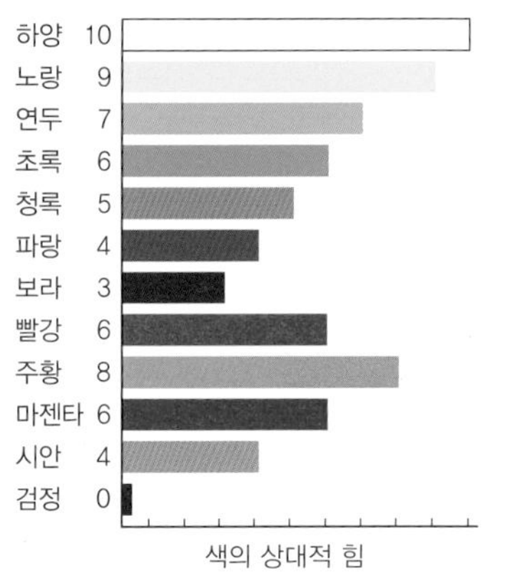

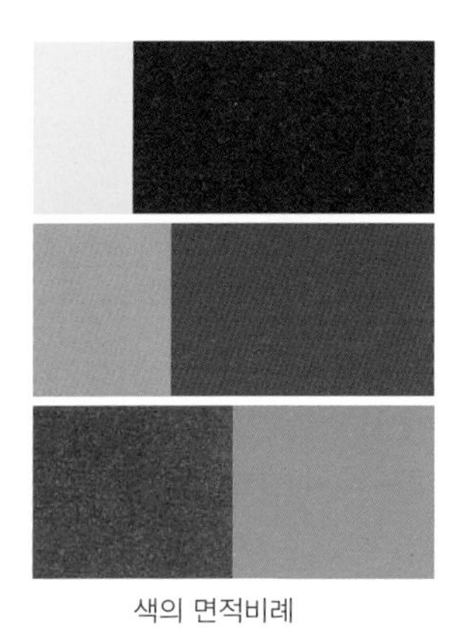

그림 84 색의 면적감

3) 색채 이미지 스케일

색채는 개인의 인상, 기호, 성격뿐 아니라 미적 감각을 나타내는 중요한 요소로 연령, 성별, 체형, 생활환경, 직업, 유행에 따라 선호하는 색채에 차이가 있다. 색채 이미지 스케일은 색에 관한 감각적인 판단을 보다 객관적으로 전개하기 위해 형용사 의미 분별법을 이용해서 개발된 체계이다. 색채 이미지 스케일에는 단색 이미지 스케일, 배색 이미지 스케일, 형용사 이미지 스케일이 있다.

단색 이미지 스케일 그림 85 는 색상의 이미지에 따라 세로축 'Soft-Hard'와 가로축 'Dynamic-Static' 구역에 포지셔닝해서 한눈에 파악할 수 있도록 한 것이다. 일반적으로 색채 이미지는 색상보다는 톤에 의해 판단되는 경우가 많다. 세로축을 기준으로 위쪽으로 갈수록 명도가 높고, 아래쪽으로 갈수록 명도가 낮은 색채가 위치한다. 그리고 가로축을 기준으로는 왼쪽으로 갈수록 채도가 높고, 오른쪽을 갈수록 채도가 낮은 색채가 분포되어 있다.

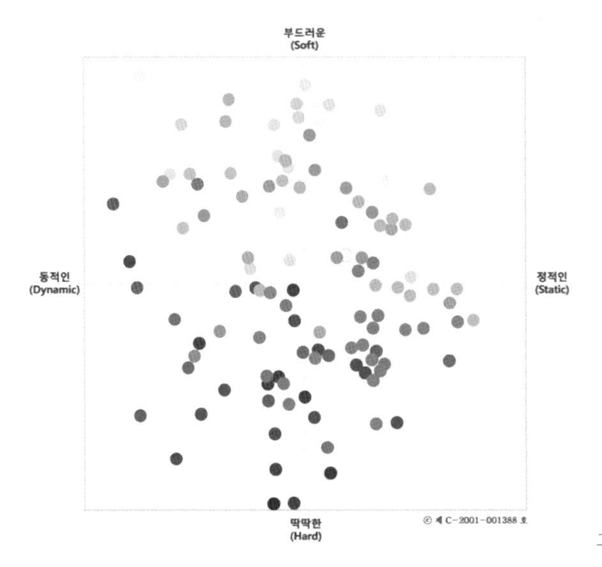

그림 85 단색 이미지 스케일

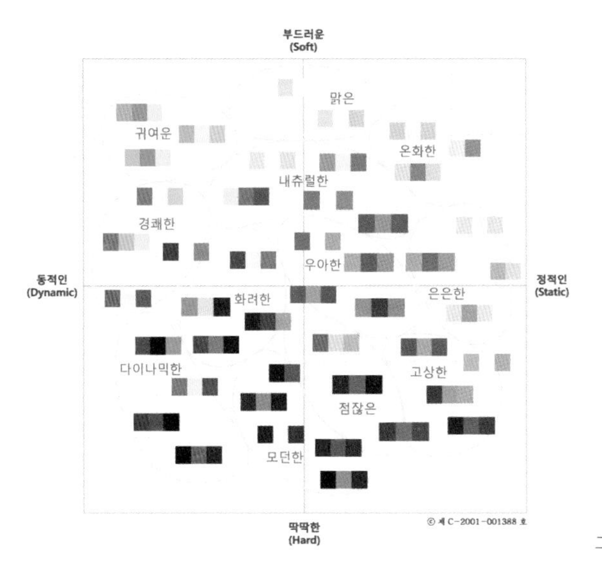

그림 86 배색 이미지 스케일

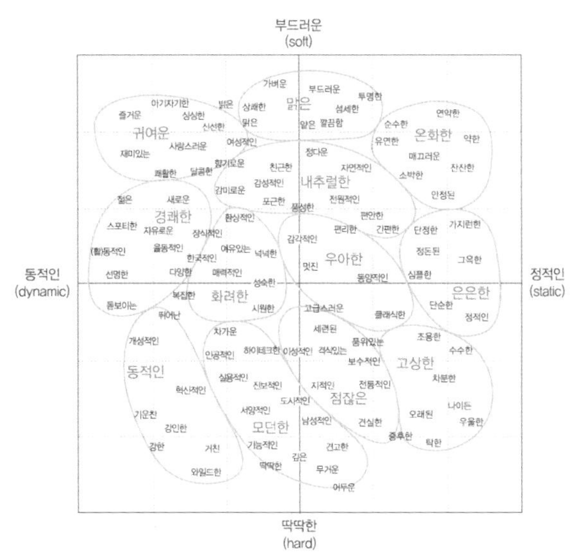

그림 87 형용사 이미지 스케일

배색 이미지 스케일 그림 86 은 두 축을 기준으로 열두 개의 삼색 배색띠를 만들어 포지셔닝한 다음, 귀여운, 경쾌한 등의 형용사를 부여해서 배색의 차이를 명확히 알 수 있도록 제시한 것이다. 배색 이미지 스케일의 특징은 세로축과 가로축에 가까울수록 대표 형용사와 비슷한 배색 이미지를 보이고, 거리가 멀수록 배색 이미지와의 차이는 커진다.

형용사 이미지 스케일 그림 87 은 두 축을 기준으로 색채와 색채 이미지를 언어로 연결시킨 것이다. '귀여운', '경쾌한' 등과 같이 열두 개의 형용사 그룹이 각각의 위치에 포지셔닝되어 있으며, 그 안에 다시 '즐거운', '아기자기한', '재미있는' 등과 같이 세부 형용사들이 포함되어 있다.

4) 색의 조화와 배색

의복 디자인에 있어 두 가지 이상의 색을 조화시켜 함께 사용하는 것을 배색이라 한다. 배색에 따른 미의 기준은 개인의 성향과 시대의 흐름 및 유행에 따라 달라질 수 있다. 서로 조화를 이루는 색채 사이에는 원리가 존재하는데, 이러한 색의 조화와 원리를 바탕으로 패션 디자인을 할 때에는 다양한 색을 비슷한 분량으로 배색하기보다는 한 색이 주를 이루도록 해야 하고, 강조색은 되도록 네크라인 근처에 사용하는 것이 좋다.

(1) 색상을 기준으로 한 배색원리

색상을 기준으로 한 배색 그림 88 에는 동일색상 배색, 유사색상 배색, 대조색상 배색, 보색 배색 등이 있다. 동일색상 배색은 한 가지 색의 배색이나 동일색상 내에서 명도와 채도를 달리하는 배색으로 서로 조화를 이루고 안정감을 주지만 소재의 재질이나 액세서리로 변화를 주는 것이 좋다. 유사색상 배색은 색상환에서 근접한 유사색상의 배색으로, 유사한 성격의 색이므로 어울리기 쉬운 반면 다소 지루할 수 있기 때문에 명도와 채도에 변화를 주는 것도 좋은 방법이다. 대조색상 배색은 보색의 양옆에 위치한 반대색과의 배색으로 대비가 강하기 때문에 색의 비율을 조절하여 배색할 필요가 있다. 보색색상 배색은 정반대에 위치한 두 가지 색의 배색으로 강렬한 이미지 연출에 효과적이다. 동일하지도 않고 유사하지도 않으며 대비도 되지 않는 애매한 색들은 부조화를 이룬다. 이러한 원리는 색상뿐 아니라 명도와 채도에도 모두 적용된다.

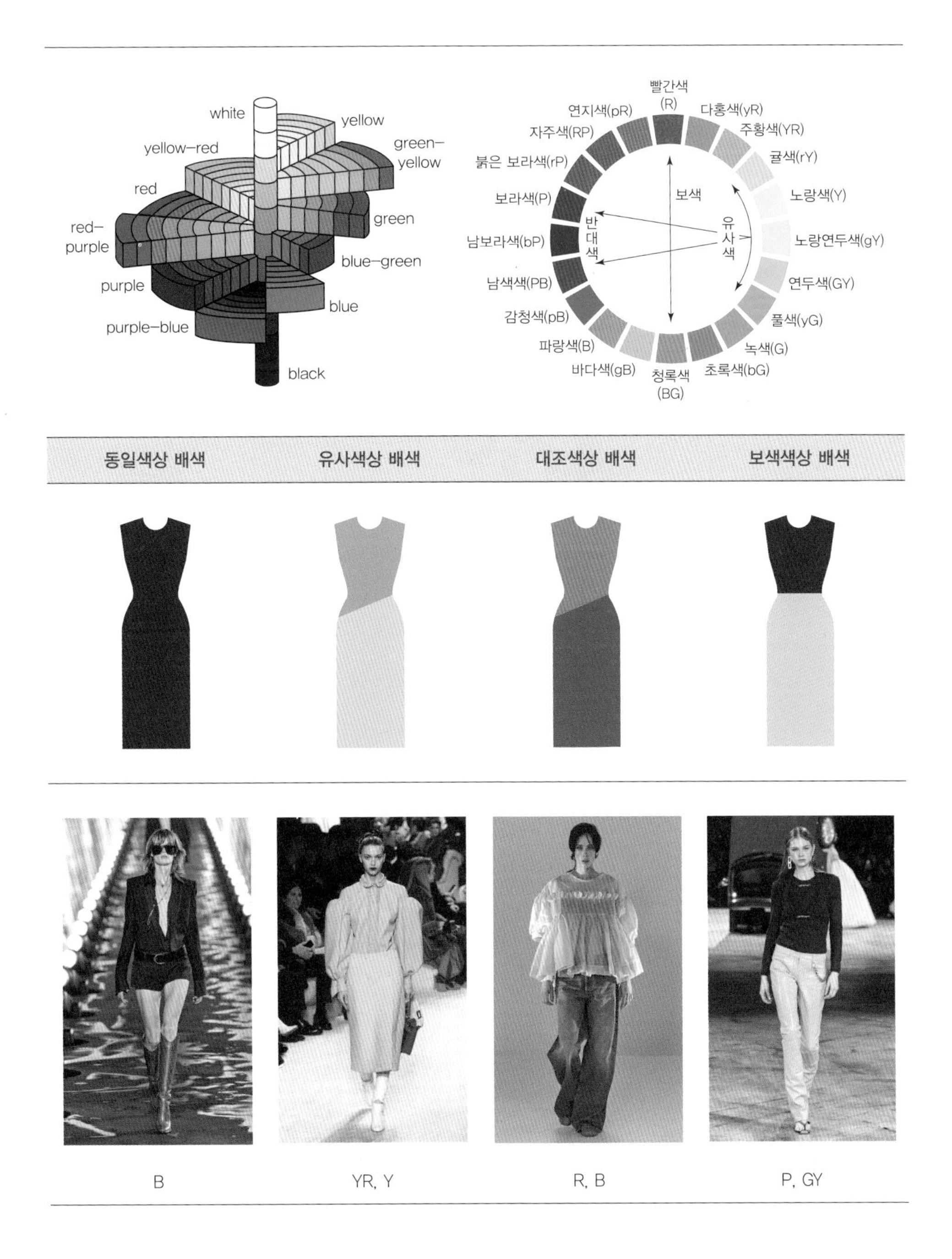

그림 88 색상을 기준으로 한 배색원리

(2) 톤을 기준으로 한 배색원리

톤을 기준으로 한 배색원리 그림 89 에는 톤 인 톤(tone in tone) 배색, 톤 온 톤(tone on tone) 배색, 그러데이션(gradation) 배색이 대표적이다. 톤 인 톤 배색은 동일 또는 유사 톤 내에서 색상의 변화를 준 배색으로, 조화로우면서도 다양한 이미지를 연출할 수

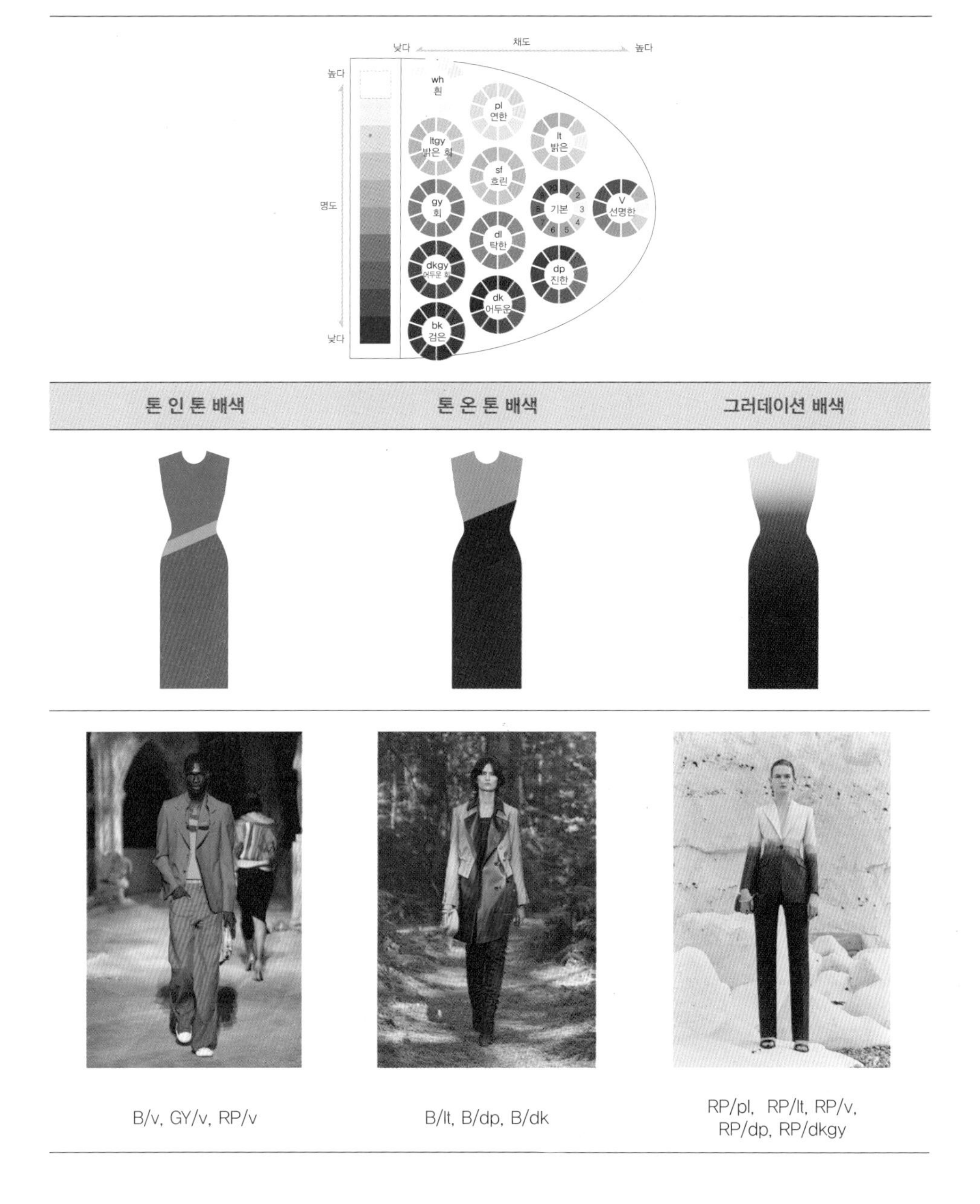

그림 89 톤을 기준으로 한 배색원리

있다. 반면 톤 온 톤 배색은 동일하거나 인접 색상에 톤의 변화를 준 것으로, 부드럽고 안정적인 느낌을 주는 배색 방법이다. 그리고 그러데이션 배색은 색상을 단계적으로 서서히 변화시키는 방법으로, 시선을 일정방향으로 유도함으로써 리듬감을 줄 수 있다.

인터 컬러

1963년에 발족된 국제적인 규모의 유행색에 관한 협의기관으로 파리에 본부가 있다. 약 20개국의 전문 위원이 참가해 연 2회 컬러에 대해 회의를 하는데, 여기에서 발표되는 유행색 데이터를 인터 컬러(Inter Color; International Commission for Fashion and Textile Colours)라고도 한다. 세계 회원국들로부터 수집한 유행색 정보를 토대로 SS와 FW 시즌을 위한 색채 정보를 시즌보다 2년 정도 앞서 매년 2회에 걸쳐 제안하고 있다. 우리나라는 1992년에 한국패션컬러센터(Korea Fashion Color Association, KOFCA)가 만들어져 국제유행색협회의 회원이 되었다. 한국패션컬러센터는 2003년 한국컬러앤드패션트랜드센터(Korea Color and Fashion Trend Center, CFT)로 명칭이 변경되었고, 인터 컬러 결정색을 한국에 전파하는 컬러 주관기관의 역할을 수행하고 있다.

팬톤

팬톤(Pantone)은 전 세계적으로 유명한 미국의 색채전문기업이자 국제적으로 공인된 컬러 시스템으로, 가장 보편적으로 사용되고 있는 표준 배색으로 자리매김하고 있다. 팬톤에서는 2000년부터 매년 12월에 '올해의 컬러(Color of the Year)'를 발표하여 의류뿐만 아니라 디자인, 출판, 플라스틱 산업 등 많은 분야의 트렌드를 주도하고 있다.

PANTONE COLOR OF THE YEAR(2000~2022)

PRACTICE 2

패션 컬렉션(www.vogue.com, www.vogue.co.uk)에서 다양한 색채 배색의 예를 찾아서 설명해 보자.

배색 종류			
시즌/브랜드	○○ SS ○○○ 컬렉션	○○/○○ FW ○○○ 컬렉션	○○ SS ○○○ 컬렉션
사진			
설명			

3. 소재

패션 디자인에 사용되는 소재는 의복의 재료가 되는 섬유 및 동물의 가죽, 털, 금속, 종이, 플라스틱 등 다양하며, 최근에는 다양한 첨단 신소재 및 기능성 소재의 개발이 중요하게 부각되고 있다. 소재는 모든 디자인의 기본이므로 촉감과 시각적 특성뿐 아니라 중량과 드레이프성도 충분히 고려되어야 한다.

소재의 최소 구성 성분은 섬유이다. 섬유에 의해 실이 만들어지고, 실에 의해 텍스타일이 제작된다. 섬유는 크게 천연섬유와 인조섬유로 나뉘며, 천연섬유는 식물성 섬유(면, 마), 동물성 섬유(모, 견)와 광물성 섬유(석면)로, 인조섬유는 유기섬유(재생섬유와 합성섬유)와 무기섬유(유리섬유, 탄소섬유, 금속섬유)로 분류된다.

실은 직물, 편물 등 옷감의 재료로, 일반적으로 필라멘트사, 방적사, 텍스처사 등이 있다. 필라멘트사는 견과 같은 연속된 긴 섬유를 방사 과정을 통해 만든 실로 광택이 풍부하고, 방적사는 면, 마, 모, 인조 등의 짧은 섬유를 길게 배열해서 늘이고 꼬임을 주어 만든 실로 광택은 없으나 피부밀착을 방지하여 안락감을 주므로 피복 재료로 널리 사용되고 있다. 그리고 텍스처사는 합성섬유의 열가소성을 이용해서 필라멘트사에 권축을 부여하여 방적사와 같은 외관과 촉감을 준 것으로, 보온성, 부피감, 신축성이 좋다.

1) 소재의 종류

소재의 종류에는 직물, 편물, 부직포, 펠트, 가죽, 모피 등이 있다. 직물 그림 90 은 경사와 위사를 직각으로 교차시켜 평직, 능직, 수자직을 형성한 것이고, 편물 그림 91 은 실이 가로 또는 세로 방향으로 연속적인 루프를 형성함으로써 만들어진다. 그리고 부직포와 펠트는 방적이나 제직을 거치지 않고 바로 천이 되는데, 부직포 그림 92 는 화학적 또는 기계적 방법으로 섬유를 접착시킨 것이고, 펠트 그림 93 은 양모의 축융성을 이용한 것으로 습기, 열, 압력을 가해 섬유가 서로 엉키도록 하고 줄어들게 한 것이다. 가죽과 모피는 섬유를 원료로 하지 않는 것으로, 가죽 그림 94 는 제혁 공정 전에 털을 제거하고 무두질한 것이고, 모피 그림 95 는 생 털가죽을 그대로 공정해서 만들어진다.

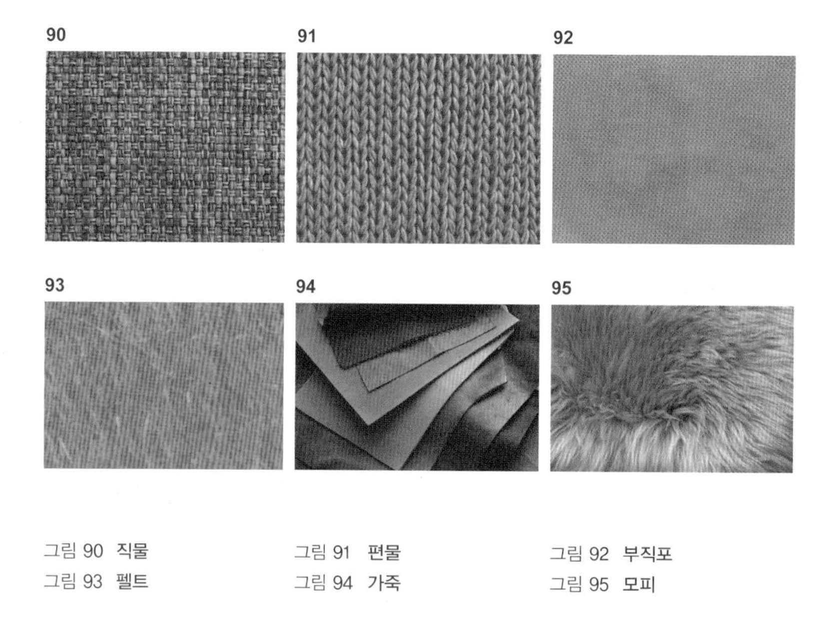

그림 90 직물 그림 91 편물 그림 92 부직포
그림 93 펠트 그림 94 가죽 그림 95 모피

2) 재질감과 조화

(1) 소재의 재질감

재질감(texture)은 주로 시각과 촉각을 통해 감지되는 소재의 표면적인 느낌을 말한다. 패션 디자인에 사용되는 소재의 재질은 옷감의 기본 재료인 섬유의 종류, 실의 특성, 조직, 가공방법, 마름질 방향, 표면장식 등에 의해 결정된다. 소재의 재질감은 그림 96 과 같이 크게 8가지로 분류된다.

(2) 재질감의 조화

포멀한 의상과 테일러드 수트에는 주로 한 가지 소재를 사용하는 것이 가장 보편적이다 그림 97 . 그러나 동일한 재질의 경우 전체적인 분위기가 너무 무난하기 때문에 다른 색의 조합 등으로 색다른 느낌을 연출할 수도 있고 액세서리로 변화를 줄 수 있다.

두 가지 이상의 소재를 선택할 때에는 그 재질이 주는 느낌이 서로 조화를 이루어야 한다. 예를 들면 로맨틱한 콘셉트의 디자인에는 부드럽고 광택이 나는 새틴과 레이스를 선택하는 것이 바람직하며 그림 98 , 재질의 차이를 이용해서 대비효과를 주고 싶

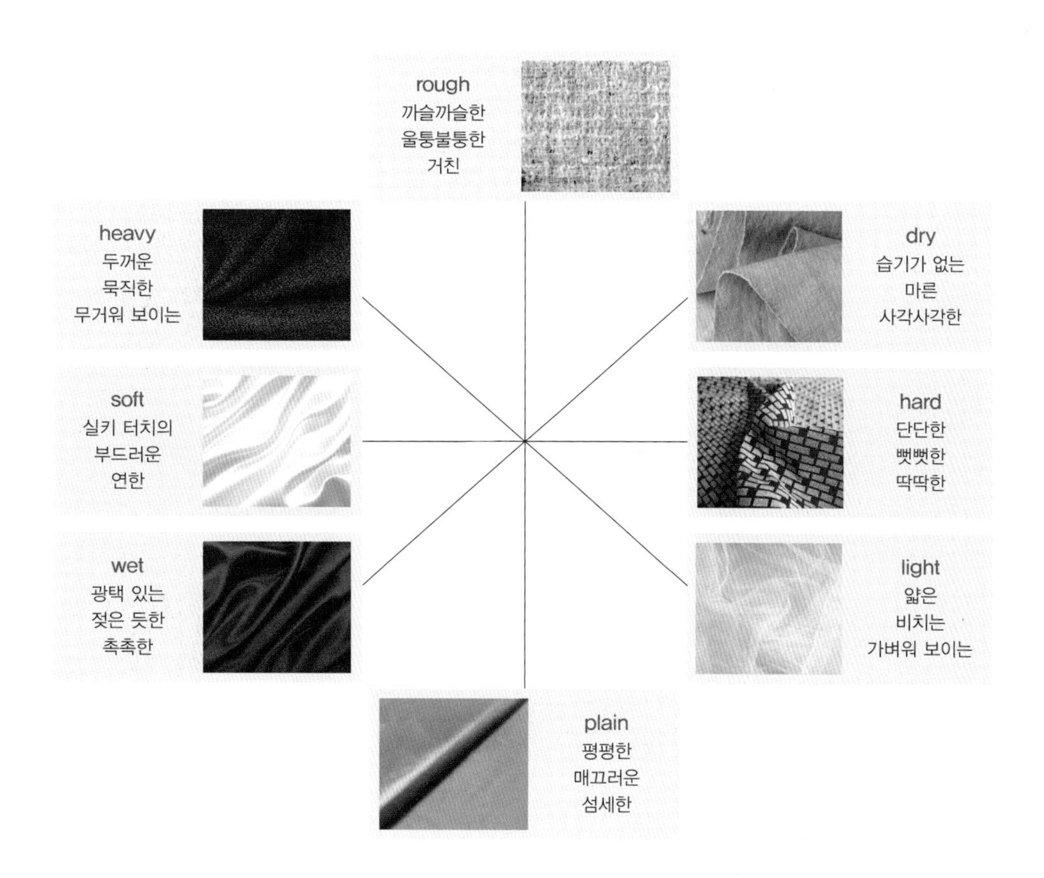

그림 96 소재의 재질감에 따른 분류

을 때는 표면 특성이 유사한 소재를 배합하기 보다는 차이가 큰 소재를 선택하되 특이한 재질의 소재를 작은 면적에 사용하는 것이 좋다. 즉, 소재 특성에 따른 재질 사이의 균형을 고려하여 적절한 양적 분배가 필요하다 그림 99. 뿐만 아니라 이질적인 재질을 사용할 때는 동일 색상으로 공통점을 부여함으로써 신선한 조화를 연출할 수 있다 그림 100. 스포티브한 집업 점퍼와 로맨틱한 스커트, 남성적 이미지의 슈트와 여성적 이미지의 드레스 등과 같이 상반된 이미지의 상이한 아이템과 재질을 사용해서 새로운 융합과 절충을 시도한 디자인도 있다 그림 101~102.

그림 97 동일 재질의 조화
그림 98 유사 재질의 조화
그림 99 상반된 재질의 조화
그림 100 다양한 재질의 조화
그림 101 상반된 이미지의 조화
그림 102 상반된 이미지와 재질의 조화

3) 문양의 종류와 효과

(1) 제작방법에 따른 분류

문양(pattern)은 제작방법에 따라 선염 문양과 후염 문양으로 분류된다. 선염 문양(yarn dyed pattern)은 원단을 만들기 전에 실 자체를 염색해서 제직하는 방법으로 만들어진 문양으로 타탄체크, 자카드 등이 대표적이다. 반면 후염 문양(print pattern)은 프린트 또는 나염을 말하며, 이미 직조된 상태의 원단에 직접날염, 방염, 발염 등의 염색기법에 의해 염색된 문양이다.

(2) 형태에 따른 분류

문양은 형태에 따라 크게 기하학 문양, 전통 문양, 자연 문양, 추상 문양, 인공 문양으로 분류된다 그림 103.

기하학 문양(geometric pattern)은 삼각형, 사각형, 원과 같은 기하학적인 형태를 이용하여 사물을 묘사한 경쾌하고 현대적인 감각의 무늬로 체크, 스트라이프, 도트, 문자가 대표적이다 그림 104. 전통 문양(conventional pattern)은 역사적으로 각 민족과 지역에서 오랫동안 사용함으로써 집단의 상징이 되거나 신앙의 대상이 된 것으로 고전적이고 중후하며 전통적이고 보수적인 경향을 띠어 클래식한 이미지에 주로 활용된다 그림 105. 자연 문양(naturalistic pattern)은 자연을 모티프로 사용한 것으로, 주로 동식물, 자연현상, 풍경을 소재로 한 것이 많다 그림 106. 추상 문양(abstract pattern)은 사물의 형태와 관계없이 상상력과 창의력에 의해 만들어진 개성이 뚜렷한 문양으로 심플한 디자인에 적합하며 작은 문양은 평상복에, 대담하고 큰 문양은 특수한 의상에 주로 사용된다 그림 107. 인공 문양(artificial pattern)은 우리 주변에서 쉽게 볼 수 있는 건축물, 음식, 캐릭터 등과 같은 인공물을 모티프로 활용한 문양이다 그림 108. 이러한 문양들은 단독으로만 사용되는 것이 아니라 복합적으로 사용되어 개성을 연출할 수 있다 그림 109.

그림 103 문양의 형태에 따른 분류

그림 104 기하학 문양
그림 105 전통 문양
그림 106 자연 문양
그림 107 추상 문양
그림 108 인공 문양
그림 109 복합 문양

프르미에르 비종

프르미에르 비종(Première Vision)은 1978년 프랑스 리옹의 15개 소재업체가 파리에서 전시회를 개최한 것을 시작으로 매년 유행 콘셉트나 컬러, 소재에 관한 정보를 제공하고 있다. 이와 유사한 대표적인 소재 전시회 및 기관으로는 이탈리아의 모다인(Moda in), 독일의 인터스토프(Interstoff), 중국의 프리뷰 인 상하이(Preview in Shanghai), 한국의 프리뷰 인 서울(Preview in Seoul) 등이 있다.

문양의 명칭

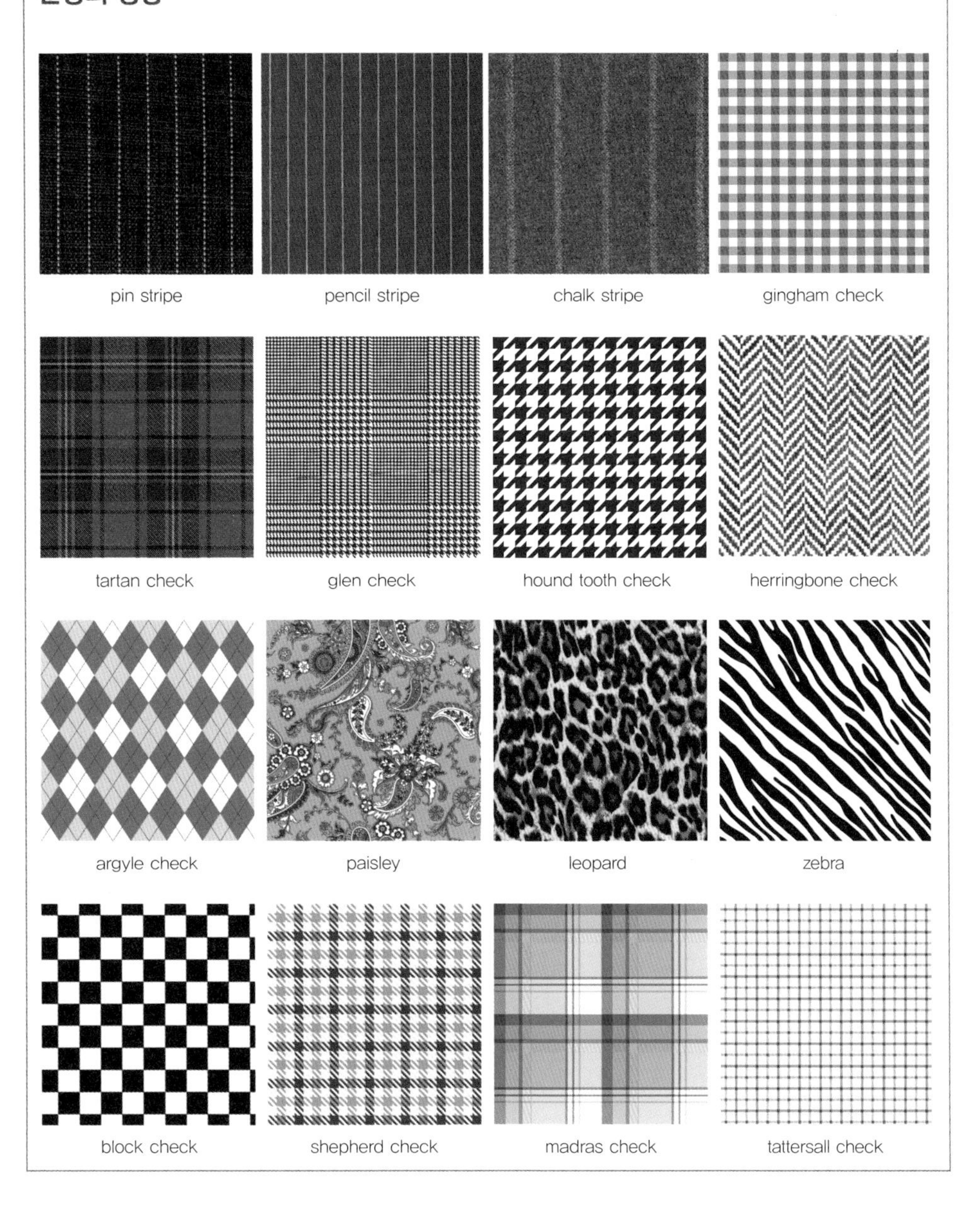

PRACTICE 3

패션 컬렉션(www.vogue.com, www.vogue.co.uk)에서 동일한 재질끼리의 코디네이션 예와 서로 다른 재질끼리의 코디네이션 예를 찾아보고 시각적 효과와 이미지를 설명해 보자.

시즌/브랜드	○○ SS ○○○ 컬렉션	○○/○○ FW ○○○ 컬렉션	○○ SS ○○○ 컬렉션
사진			
설명			

MEMO

03

FASHION DESIGN PRINCIPLE

패션 디자인 원리

패션 디자인 원리란 디자인 요소들을 적절하게 사용하여 조화된 아름다운 복식을 디자인하기 위한 미적인 형식 원리이다. 패션이 빠르게 변화하는 것은 실루엣, 색채, 소재 등이 변화하는 것이고, 디자인 원리는 거의 변하지 않는다. 따라서 디자인 원리를 이해하는 것은 패션 디자인을 하기 위한 기본적이고 필수적인 과정이다. 본 장에서는 패션 디자인 원리 중 비율, 조화, 균형, 리듬, 강조에 대해서 알아본다.

1. 비율

비율(proportion)은 패션 디자인에서 전체와 부분, 부분과 부분에 대한 길이와 면적의 적절한 관계를 의미하는 것이다. 20세기를 대표하는 디자이너 가브리엘 샤넬(Gabrielle Chanel, 1983~1971)은 "패션은 건축이다. 그것은 비율의 문제이기 때문이다"라고 했고, 크리스티앙 디오르(Christian Dior, 1905~1957)도 "의상은 순간의 건축물로, 여성의 신체 비율을 향상시키기 위해 설계되었다"고 하였다. 이와 같이 패션과 건축은 인간의 신체라는 동일한 출발점을 가지고 공간과 부피, 움직임에 대한 아이디어를 표현하고 2차원적인 평면에서부터 복잡한 3차원적 형태에 이르는 소재를 활용한다는 점에서 공통점이 있다. 비율은 패션과 건축뿐만 아니라 다양한 디자인 영역에서 새로운 디자인을 할 때나 기존 디자인에서 탈피하고 싶을 때 중요한 원리로 작용한다.

고대 그리스부터 현대에 이르기까지 면이나 길이를 조화롭게 분할하는 가장 이상적인 비율의 기준으로 사용된 것은 황금분할(golden section)이다. 황금분할은 인간이 느낄 수 있는 가장 아름다운 비율의 미적 분할로, 긴 부분과 짧은 부분의 비가 전체와 긴 부분의 비와 같도록 1 : 1.618의 비율로 분할한 것이다 **그림 1**. 즉, 이상적인 비율은 두 부분 사이의 관계가 동일하지도 않으면서 그렇다고 지나치게 차이가 나지 않은 것으로, 이집트의 피라미드(pyramids)와 그리스의 파르테논 신전(Parthenon, B.C.

1

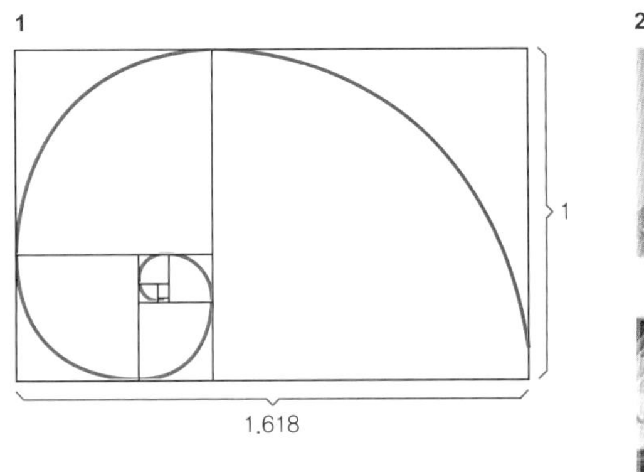

2

피라미드

파르페논 신전

최후의 만찬

모나리자

그림 1 황금분할
그림 2 건축과 회화에 적용된 황금분할

447~B.C. 432)뿐만 아니라 레오나르도 다 빈치(Leonardo da Vinci, 1452~1519)의 〈최후의 만찬(Ultima Cena), 1495~1497, 880×460cm)〉과 〈모나리자(Mona Lisa), 1503, 77×53cm)〉 등과 같은 예술작품에서도 볼 수 있다 그림 2. 특히 〈모나리자〉는 얼굴의 가로와 세로, 인중과 입술 길이, 입술과 턱 길이, 턱과 코 길이의 비율 등이 모두 1 : 1.618의 황금비율을 이루고 있다.

패션 디자인에서의 비율은 인체를 주체로 해서 의복을 구성하는 실루엣, 색채와 소재뿐만 아니라 디테일, 트리밍, 기타 액세서리가 조합되어져 이루어지므로 매우 복합적이다. 즉 상의와 하의의 비율, 옷과 액세서리의 관계 외에도 색채나 재질에 따른 비율 등, 모든 요소와의 결합에서 전체적으로 평가되어야 하는 부분으로 어느 한 부분에서 이상적인 비율을 보여도 그것이 신체의 나머지 부분과 조화롭지 못하면 좋은 비율이라고 할 수 없다. 특히 의복에 있어서 아름다운 비율이란 보기 좋고 아름다울 뿐만 아니라 조화를 이루지 못한 인체를 착시라는 시각 작용에 의하여 이상적인 인체로서 보다 날씬하고 아름답게 보이도록 그 비율을 조정하는 것을 의미하기 때문에 황금비율대로 적용하는 것보다는 그 원리를 충분히 이해하여 응용하는 것이 필요하다.

의복을 이루는 부분들과의 조화, 전체와 부분 사이의 조화에 의해 나타나는 비율의 종류에는 조화비율, 유사비율, 대조비율이 있다.

1) 조화비율

조화비율(harmony proportion)은 인체의 비율에 가까운 것으로, 3 : 5, 5 : 8의 비율을 전체적으로 작은 부분과 큰 부분에 적용시키거나 부분 사이의 조화에서도 그 비율만큼 적용시켜 응용하면 더 조화로운 디자인을 할 수 있다 그림 3. 미니스커트가 유행할 때 상의의 길이가 길어지고, 스커트 길이가 길어지면 상의의 길이가 짧아지는 이유는 긴 길이와 짧은 길이의 비율을 조화시키기 위해서이다. 허리선이나 벨트를 이용해서 상의와 하의를 분할하거나 장식선을 이용해서 세부면을 분할할 때, 색상의 면적 비율, 주 색채와 대조를 이루는 강조색과 특이

그림 3 긴 길이와 짧은 길이, 큰 면적과 작은 면적의 조화 비율

그림 4 하의와 상의 길이의 조화비율
그림 5 벨트 선을 기준으로 한 조화비율
그림 6 상의의 블랙과 화이트 면적의 조화비율

한 재질의 소재를 작은 면적에 사용해서 시선을 유도하는 방법 등으로 적용할 수 있다 그림 4~6.

2) 유사비율

유사비율(similar proportion)은 어떤 중간점을 기준으로 위, 아래가 유사한 1 : 1 비율의 대칭적인 비율을 말한다. 면을 이등분하는 1/2선의 위치는 미적으로 좋지 않기 때문에 반드시 피해야 하며, 3등분이나 4등분 분할도 피하는 것이 좋다. 이와 같은 개념을 확장해서 적용하면 연속적으로 반복되는 단위의 수는 홀수로 하는 것이 좋으며 단추를 연속적으로 달 경우에는 단추 사이의 간격을 단추의 크기와 같지 않게 하는 것이 조화를 이룬다. 그러나 디자이너들은 자신의 상상력과 실험정신을 표현하고 독특한 미적 효과를 나타내기 위해 유사비율을 의도적으로 사용하기도 한다 그림 7~9.

3) 대조비율

대조비율(contrast proportion)은 어떤 특정 부분을 크거나 작게 한 후 대조적인 미를 추구하기 위한 것으로, 일반적으로 1 : 4, 1 : 5, 1 : 6 등의 비율로 적용된다. 대조비율은 포멀한 의상보다는 드레시한 의상이나 실험적인 의상에서 많이 볼 수 있다 그림 10~12.

그림 7　상의와 하의의 유사비율
그림 8　상의 내의 유사비율 1
그림 9　상의 내의 유사비율 2
그림 10　대조비율 1
그림 11　대조비율 2
그림 12　대조비율 3

2. 조화

조화(harmony)는 디자인 요소들이 서로 조합되거나 대비되었을 때 나타나는 미적 현상이다. 패션 디자인에서의 조화는 의복 자체의 미적 조화 외에도 의복으로서 목적을 수행할 수 있는 기능적 조화를 지니고 있어야 한다. 조화의 방법으로는 유사조화, 대비조화, 부조화가 있다.

1) 유사조화

유사조화(similarity harmony)는 디자인 요소들이 서로 대립되지 않고 조화를 이루는 상태로, 유사한 형태, 동일 색상과 동일 톤의 배색, 유사한 재질감과 문양, 디테일이 결합될 때 나타난다 그림 13~15. 예를 들면 새틴과 레이스, 가죽과 니트는 서로 유사한 느낌을 주면서 의복 전체의 이미지를 강화시킨다. 그리고 유사조화의 색상은 부드럽고 평이한 느낌을 주고, 색상이 다른 경우 고채도는 고채도끼리, 저채도는 저채도끼리 유

그림 13 색상과 소재의 유사조화
그림 14 색상의 유사조화
그림 15 소재의 유사조화

사한 분위기를 나타냄으로써 무난하게 조화를 이룰 수 있다. 부드럽고 유연한 재질은 곡선적이고 우아함을 나타내는 디자인에 어울리고, 거칠고 투박한 재질은 스포츠 웨어나 작업복과 같이 견고해야 하는 기능적인 의복에 잘 맞는다. 이와 같이 유사조화는 각 요소가 서로 공통점이 있기 때문에 안정적이고 균일한 분위기를 나타낸다. 그러나 변화가 적어서 자칫 지루한 감을 줄 수도 있기 때문에 색상이 동일하거나 유사할 때는 다른 소재를 사용하거나 액세서리 등을 통해 변화를 줄 필요가 있다.

2) 대비조화

대비조화(contrast harmony)는 대립되는 관계에 있는 디자인 요소들 사이에서 이루어지는 조화이다. 조화의 요소가 곡선과 직선, 흑과 백, 부드러움과 거침, 화려함과 소박함 등과 같이 서로 다른 성격일 때 나타난다 그림 16~18. 예를 들면 대비색을 배색하면 대담하고 강렬한 느낌을 주고, 강한 명도대비는 좀 더 대담한 분위기를 연출한다. 무채색끼리의 조화는 충분한 명도대비를 이루는 것이 좋으며, 무채색과 유채식의 조화에는 채도가 대비되도록 고채도의 강렬한 색채로 배색하는 것이 효과적이다. 주 색채

그림 16 무채색과 유채색의 대비조화
그림 17 재질감과 색채의 대비조화
그림 18 무문과 유문의 대비조화

와 비교해서 대비가 강한 색채가 사용되는 강조색은 작은 면적에 강한 대비를 두는 것이 효과적이다. 얇고 광택이 나는 새틴 블라우스에 트위드 재킷을 착용하는 것처럼 직물의 재질감이 대비되면 각 재질의 효과가 부각되는데, 서로 다른 재질을 사용해서 조화를 이루고자 할 때는 각 재질의 이미지, 용도, 내구성, 관리방법 등에서 통일되어야 한다. 강한 재질의 소재를 강조점으로 사용할 경우에는 면적 차이를 크게 하고 색채는 통일시키는 것이 좋다. 대비조화의 효과는 독특한 개성미와 극적인 분위기를 연출할 수 있기 때문에 적절하게 배치하는 데에 고도의 감각이 요구된다.

3) 부조화

디자인은 하나의 미적 창출이기 때문에 때로는 불협화음도 미적 요소가 될 수 있다. 부조화(discord)는 전혀 어울리지 않는 요소들을 조화시킴으로써 또 다른 미적 현상을 만들어내는 것으로, 고정관념을 벗어난 미적 조화는 새로운 충격을 준다 그림 19~21. 부조화는 파격적이고 독창적인 이미지를 낳는 시각적인 흡인력으로 인해 현대 디자인에서 새롭게 등장하였다.

그림 19 로맨틱 드레스와 카무플라즈 팬츠의 조합
그림 20 브래지어를 겉옷 아이템으로 활용
그림 21 울트라 빅 사이즈의 모자와 코트

3. 균형

균형(balance)은 하나의 축을 중심으로 좌우 또는 상하가 같은 양의 시각적 힘을 지니고 있는 상태를 의미한다. 시각적 힘에 의한 균형은 시선을 동등하게 끄는 것을 의미한다. 중심선 좌우에 동일한 시각적 힘이 있을 때 미적 균형이 이루어진다. 이러한 미적 균형에는 대칭 균형과 비대칭 균형이 있다 그림 22.

패션 디자인에서 균형은 디자인 요소인 선, 형태, 색채, 재질, 장식의 특성에 따라 결정된다. 특이한 형태는 면적이 작아도 시각적 힘이 강하기 때문에 넓은 면적의 평이한 형과 균형을 이룬다. 색채의 경우 한색보다는 난색이 전진 및 팽창 효과가 있어서 시선을 끌며, 명도 대비가 강한 배색과 채도가 높은 색채의 경우 시각적 힘이 강하다.

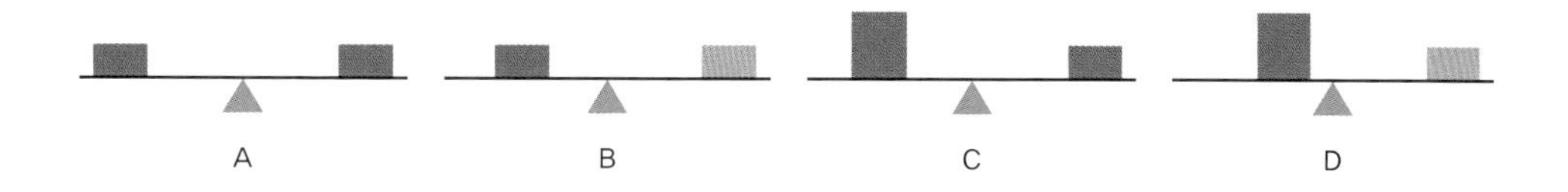

그림 22 **대칭 균형(A)과 비대칭 균형(B, C, D)**

A 크기와 영향력이 같은 경우
동일한 크기와 영향력이 중심에서 같은 거리에 있어 시각적 미적 무게가 균등한 대칭균형

B 크기는 같지만 영향력이 다른 경우
영향력이 강한 요소가 중심에 가까이 있고 영향력이 약한 요소가 중심에서 멀리 놓여 있는 비대칭 균형

C 크기는 다르지만 영향력은 같은 경우
크기가 큰 요소가 중심에 가까이 있고 크기가 작은 것이 중심에서 멀리 놓여 있는 비대칭 균형

D 크기와 영향력이 다른 경우
크기가 크고 영향력이 강한 요소가 중심에 가까이 있고 크기가 작고 영향력이 약한 요소가 중심에서 멀리 놓여 있는 비대칭 균형

1) 대칭 균형

대칭 균형(symmetrical balance)은 디자인 요소가 좌우에 같은 힘과 양, 중심에서 같은 거리에 있음으로써 좌우가 균형을 이루는 원리이다. 대칭 균형을 이루는 의복은 단정하고 안정감을 주기 때문에 대칭 균형은 일상복, 제복, 사무복 등 유행에 관계없이 오랫동안 착용하는 기본적인 의상에 많이 적용된다. 그러나 디자인이 너무 단조롭고 지

루한 느낌을 줄 수 있기 때문에 색채나 재질의 대비를 이용한 강조점을 사용하거나 코사지와 같은 액세서리를 활용하여 변화를 줄 필요가 있다 그림 23~25.

2) 비대칭 균형

비대칭 균형(asymmetrical balance)은 서로 다른 크기나 영향력을 가진 디자인 요소들이 중심축에서 좌우에 다르게 놓여 있지만 시각적인 힘이 같아 균형을 이루는 원리이다. 비대칭 균형을 이루는 의복은 좌우대칭을 이룬 신체와 율동적인 관계를 형성하여 대칭 균형보다 훨씬 부드럽고 율동감 있게 보인다. 따라서 비대칭 균형은 소재의 드레이프성을 이용한 우아한 여성미를 표현하는 드레스뿐만 아니라 규칙성이 배제된 자유로운 배치가 가능해서 아방가르드한 창의적인 디자인에도 많이 적용되고 있다 그림 26~28. 이처럼 비대칭 균형은 독특한 미적 효과를 나타낼 수 있기 때문에 디자이너의 상상력과 실험정신 및 고도의 디자인 감각을 필요로 한다.

3) 비대칭 불균형

비대칭 불균형(asymmetrical unbalance)은 서로 다른 크기나 영향력을 가진 디자인 요소들이 중심축에서 좌우에 다르게 놓여 있고, 시각적인 힘 또한 균등하지 않아 불균형을 이루는 상태를 의미한다. 이는 새로운 디자인에 대한 욕구를 충족시키는 방법 중의 하나로, 균형 잡힌 규격미를 거부하고 창의적인 미적 가치를 중시하는 경향으로 나타났다 그림 29~31. 비대칭 불균형을 적용해서 디자인할 때는 포스트모더니즘 패션처럼 균형을 무시하거나 파괴하는 이유가 무엇인지는 설명할 수 있어야 한다.

그림 23 **대칭 균형 1**
그림 24 **대칭 균형 2**
그림 25 **대칭 균형 3**
그림 26 **비대칭 균형 1**
그림 27 **비대칭 균형 2**
그림 28 **비대칭 균형 3**
그림 29 **비대칭 불균형 1**
그림 30 **비대칭 불균형 2**
그림 31 **비대칭 불균형 3**

4. 리듬

리듬(rhythm)은 디자인 요소들이 규칙적으로 반복되거나 점진적으로 변화됨으로써 나타나는 시각적 율동감을 느끼게 하는 원리이다. 리듬은 음악에서와 마찬가지로 규칙적인 특징의 반복을 통해 강력한 영향력을 미친다. 이상적인 패션 디자인은 동일한 선이나 형태, 색채, 재질, 디테일, 트리밍 등의 반복을 통해 리듬을 형성함으로써 단조로움을 피하고, 시선을 유도하는 역할과 함께 흥미를 유발시킬 수 있다. 그러나 리듬감을 너무 강조하면 자칫 산만해지기 쉽고 통일감도 없어지므로 적절하게 사용하여야 한다. 리듬의 종류에는 반복리듬, 점진리듬, 전환리듬, 방사선리듬, 교차리듬이 있다 그림 32.

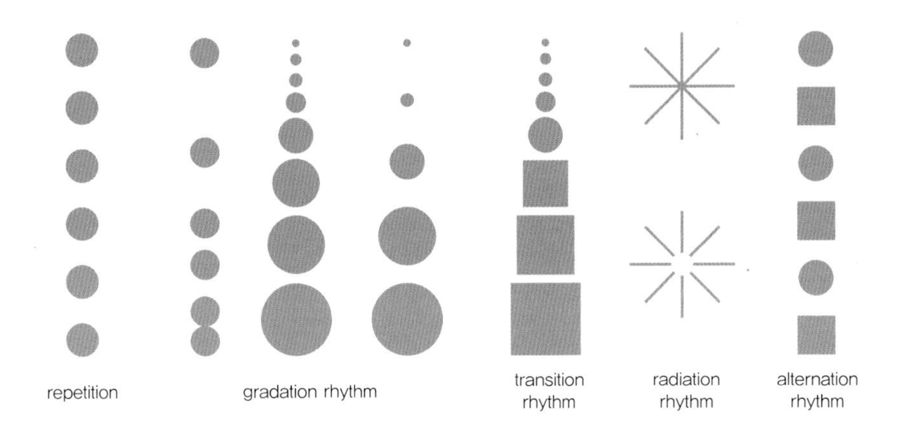

그림 32 리듬의 종류

1) 반복리듬

반복리듬(repetition rhythm)은 반복되는 단위가 규칙적으로 이루어지는 균일한 리듬으로, 동일한 비중으로 움직이기 때문에 단순하고 계획적이며 안정감을 준다. 반복리듬은 디자인의 한 요소를 한 번 이상 사용하는 것으로, 선이나 형태, 색채, 소재의 반복뿐만 아니라 트리밍과 디테일 같은 디자인 요소를 규칙적으로 반복시킴으로써 형성된다. 예를 들면 선의 경우 특정한 모양의 선 자체의 반복 외에도 점이 모여 이루어지는 선을 통해 시선을 유도할 수도 있고, 특정한 형태를 반복시키거나 동일한 크기의 프릴, 러플과 같은 디테일을 통해서도 리듬감을 줄 수 있다 그림 33~35.

2) 점진리듬

점진리듬(gradation rhythm)은 리듬의 요소가 연속적으로 이루어지면서 점차 그 단계가 약해지거나 강해지는 리듬으로, 강약이 있기 때문에 단조롭지 않고, 신체적 결함을 감추는 방법으로 활용할 수 있다. 특정 형태의 크기를 단계적으로 변화시키거나 색채의 그러데이션을 통해 율동감을 느끼게 할 수 있으며, 점진적으로 층을 이루는 개더나 프릴, 플라운스를 통해서도 이러한 리듬감을 형성할 수 있다 그림 36~38.

그림 33 점에 의한 반복리듬
그림 34 형태에 의한 반복리듬
그림 35 디테일에 의한 반복리듬
그림 36 패널의 크기에 의한 점진리듬
그림 37 문양의 크기에 의한 점진리듬
그림 38 색채에 의한 점진리듬

3) 전환리듬

전환리듬(transition rhythm)은 리듬의 형태가 자연스럽게 다른 모양으로 전환되는 리듬으로, 리듬의 위치가 달라지면서 형성되거나 소멸되는 특징이 있다. 예를 들면 모자나 칼라의 주름이 자연스럽게 상의의 주름으로 연결되거나 재킷의 플라운스가 스커트의 주름으로 변화되는 것과 같이 같은 박자로 일관하다가 중간에 다른 박자로 변환되어 다른 느낌을 주는 리듬감이 형성된다 그림 39~41.

4) 방사선리듬

방사선리듬(radiation rhythm)은 하나의 중심점에서 사방으로 퍼져 나감으로써 형성되는 리듬감으로, 가장 다이내믹하고 시선을 집중시키는 효과가 있다. 방사선리듬은 대체로 선이나 주름을 이용하는 경우가 많으며, 체형의 장점을 강조하고 약점을 커버하는 데에 효과적으로 사용할 수 있다 그림 42~44.

5) 교차리듬

교차리듬(alternation rhythm)은 두 가지 종류의 단위가 서로 교차되면서 반복될 때 형성되는 리듬감으로, 반복리듬보다 단조로움이 적다. 선의 두께, 형의 크기, 색채와 재질 등의 디자인 요소를 대비시키면 강한 리듬감이 만들어지는 반면, 이들의 요소가 유사하면 부드러운 리듬감이 형성된다 그림 45~46. 예를 들면 스트라이프는 직선의 반복 사용으로 인해 리듬감을 형성하는데, 굵기와 배치에 따라 반복이나 점진의 원리를 동시에 적용시킬 수 있다 그림 47.

그림 39 주름에 의한 전환리듬 1
그림 40 주름에 의한 전환리듬 2
그림 41 주름에 의한 전환리듬 3
그림 42 선에 의한 방사선리듬
그림 43 주름에 의한 방사선리듬 1
그림 44 주름에 의한 방사선리듬 2
그림 45 문양에 의한 교차리듬
그림 46 재질감에 의한 교차리듬
그림 47 색채에 의한 점진리듬

5. 강조

강조(emphasis)는 디자인 원리 중 가장 핵심적인 것으로, 흥미를 유발하는 중심적 성격이 있기 때문에 적절하고 효과적으로 강조하는 것이 디자이너의 역량이라고 할 수 있다.

패션 디자인에서 강조의 원리를 적용하기 위해서는 몇 가지 원칙이 있다. 첫째, 강조점은 반드시 하나이어야 한다. 강조점이 없는 디자인은 평범하고 특징이 없어 흥미를 끌지 못하고, 강조점이 두 개 이상인 경우는 어느 하나도 제 역할을 하지 못하기 때문에 강조의 초점을 잃어버리게 된다. 따라서 디자인 요소 중 어느 한 가지 요소를 주안점으로 선택할 경우, 나머지 요소들은 부수적인 역할을 하도록 해야 한다. 둘째, 강조의 위치는 가능한 한 착용자의 장점을 부각시킬 수 있는 부분에 두어야 한다. 시선을 유도함으로써 미적인 효과를 거두기 위해서는 네크라인 근처로 강조점을 두는 것이 가장 바람직하고, 기능상 불편을 초래할 위치에는 강조를 하지 않은 것이 좋다. 셋째, 의복의 용도에 따라 강조의 정도를 다르게 해야 한다. 사무복이나 가벼운 외출복 등과 같은 일상복은 강조의 정도를 약하게 해야 하는 반면에, 특별한 상황에 착용하는 정장, 예복, 무대의상, 웨딩드레스 등과 같이 표현적 기능이 중요시되는 의복에는 강한 강조점을 사용하는 것이 좋다.

강조의 방법으로는 집중과 대조가 있는데, 이들은 복합적으로 적용되기도 한다.

1) 집중

집중(concentration)은 어느 한 곳에 시선이 쏠리게 해서 강조하는 방법이다. 시선이 집중되는 중심은 무게의 중심이나 기하학적인 중심과는 다른 흥미의 중심으로 그 위치에 따라 디자인의 효과는 다르다. 리본이나 코사지 등을 네크라인 가까운 위치에 장식하면 얼굴에 시선을 향하게 할 수 있고 키가 커 보이는 효과를 줄 수 있다 그림 48~49. 그 밖에 원추형 브라(cone bra)를 활용해서 가슴을 확실하게 강조하는 방법도 있다 그림 50.

2) 대조

대조(contrast)는 서로 대비되는 특징을 더욱 부각시켜 강조하는 방법으로, 두 요소가 대립되면서 다이내믹하고 명쾌한 분위기를 연출할 수 있다. 단, 두 요소가 서로 경쟁적인 대립을 하는 것이 아니라 조화를 이루도록 해야 한다. 직선과 곡선의 사용, 보색이나 강한 명도 대비, 무채색과 유채색의 채도 대비, 재질감에 의한 대비, 서로 다른 형태와 면적을 병렬시킴으로써 강한 대조감을 얻을 수 있다 그림 51~53.

그림 48 리본 장식에 의한 강조
그림 49 코사지에 의한 강조
그림 50 원주형 브라에 의한 강조
그림 51 명도 대비에 의한 강조
그림 52 색상 대비에 의한 강조
그림 53 재질감 대비에 의한 강조

PRACTICE 1

패션 컬렉션(www.vogue.com, www.vogue.co.uk)에서 패션 디자인 원리가 적용된 대표적인 사례를 찾아 설명해 보자.

패션 디자인 원리

- 비율 : 조화비율, 유사비율, 대조비율
- 조화 : 유사조화, 대비조화, 부조화
- 균형 : 대칭 균형, 비대칭 균형, 비대칭 불균형
- 리듬 : 반복리듬, 전환리듬, 점진리듬, 방사선리듬, 교차리듬
- 강조 : 집중, 대조

디자인 원리	비율	조화	리듬	균형	강조
시즌/브랜드	○○ SS ○○○ 컬렉션	○○ SS ○○○ 컬렉션	○○/○○ FW ○○○ 컬렉션	○○/○○ FW ○○○ 컬렉션	○○ SS ○○○ 컬렉션
사진					
설명					

PRACTICE 2

패션 컬렉션(www.vogue.com, www.vogue.co.uk)에 발표된 작품을 선택한 다음, 디자인 요소와 원리를 적용해서 설명해 보자.

<table>
<tr><th>○○ SS ○○○ 컬렉션</th><th colspan="2">패션 디자인 요소</th></tr>
<tr><td rowspan="10">사진</td><td>형태</td><td></td></tr>
<tr><td>색채</td><td></td></tr>
<tr><td>소재</td><td></td></tr>
<tr><th colspan="2">패션 디자인 원리</th></tr>
<tr><td>비례</td><td></td></tr>
<tr><td>조화</td><td></td></tr>
<tr><td>균형</td><td></td></tr>
<tr><td>리듬</td><td></td></tr>
<tr><td>강조</td><td></td></tr>
</table>

패션 디자인 응용

PART 2

01

CLASSIFICATION AND SIZE SYSTEM OF APPAREL

패션 상품의 분류와 치수 체계

패션 상품에는 일반적으로 의류와 액세서리가 포함된다. 패션과 상품이 결합된 의미로 그 중심에는 옷을 착용하는 사람, 즉 소비자가 있다. 맞춤복이라면 누가 입는지 정확하게 알 수 있지만, 어패럴(apparel) 산업에서는 불특정 다수의 사람들을 대상으로 해야 한다. 따라서 패션 상품을 디자인하기 위해서는 소비자의 특성과 시장 동향에 대해 정확하게 파악하는 것이 중요하다. 본 장에서는 소비자에 따라 다양하게 분류되는 패션 상품과 치수 체계에 대해 알아본다.

1. 패션 상품의 분류

패션이란 항상 변화한다는 속성이 있다. 패션 상품은 그 속성을 반영한 상품으로, 소비자에게 선택받기 위해 시즌별로 기획, 생산, 판매되는 흐름을 가진다. 패션 상품은 성별, 유형별, 어케이전별, 유행 반영 정도, 가격, 라이프 스테이지, 라이프 스타일 등에 따라 다양하게 분류된다 표 1, 2.

1) 성별, 유형별 분류

패션 상품은 전통적으로 성별과 나이에 따라 뚜렷하게 구분되어 왔으나 최근에는 그 경계가 희미해지고 있다. 유형도 유통업체의 특성에 따라 다양한 분류 기준을 가진다. 일반적으로 패션 상품은 성별과 나이를 기준으로 남성복, 여성복, 남녀 캐주얼웨어, 남녀 스포츠웨어, 유·아동복 등으로 구분된다. 유형별로는 국내 의류, 수입 의류, 패션 액세서리와 소품 등으로 분류된다.

2) 어케이전별 분류

어케이전(occasion)이란 패션 상품을 사용하는 '장소'와 '장면'을 말한다. TPO(Time, Place, Occasion)의 개념이 여기에 포함되는데, 오피셜 어케이전(official occasion), 프라이빗 어케이전(private occasion), 소셜 어케이전(social occasion)으로 분류되며, 각 어케이전별로 오피셜웨어, 프라이빗웨어, 소셜웨어로 구분할 수 있다. 또한 장소와 상황에 따라 포멀웨어, 캐주얼웨어, 스포츠웨어, 홈웨어, 타운웨어 등으로도 분류된다.

3) 유행 반영 정도에 따른 분류

패션 상품은 유행을 어느 정도 반영할 것인지에 따라서도 분류된다. 베이식(basic) 상품이란 유행에 좌우되지 않고 계속해서 등장하는 패션 상품이다. 트렌디(trendy) 상품이란 해당 시즌의 트렌드를 반영한 패션 상품이다. 뉴 베이식(new basic) 상품이란 베이식 상품에 시즌 트렌드를 약간 가미한 패션 상품을 말한다.

4) 가격에 따른 분류

최근에는 온라인 판매와 가격 파괴 경향이 두드러지고 있지만, 패션 상품은 전통적으로 가격에 따라 분류되며, 이는 곧 판매되는 장소와도 연관된다. 가장 비싼 가격 순으로 보면 프레스티지(prestige), 브릿지(bridge), 베터(better), 볼륨(volume), 버짓(budget)으로 분류되는데, 프레스티지, 브릿지, 베터 가격대의 패션 상품은 단독건물 매장이나 백화점에서 판매된다. 그에 비해 볼륨, 버짓 가격대의 패션 상품은 할인점이나 재래시장 등에서 판매된다.

표 1. 패션 상품의 분류

분류 기준	내용
성별 · 유형별	• 남성복(캐주얼/켄템포러리/클래식/셔츠 · 타이) • 여성복(영 캐주얼/라이프 캐주얼/컨템포러리/커리어/트래디셔널 · 엘레강스/국내 디자이너/란제리/모피) • 수입의류(여성 럭셔리 부티크/여성 컨템포러리/여성 컨템포러리 디자이너/남성 럭셔리 부티크) • 캐주얼 · 스포츠(스트리트 캐주얼/진 캐주얼/베이식 스포츠/레저 스포츠/골프웨어) • 유 · 아동(신생아/아동/스포츠/수입아동/잡화) • 패션 액세서리 · 소품(구두/슈즈멀티/핸드백/러기지/패션소품/주얼리/시계)
어케이전별	• 오피셜웨어/프라이빗웨어/소셜웨어 • 포멀웨어/캐주얼웨어/스포츠웨어/홈웨어/타운웨어
유행 반영 정도	• 베이식/트렌디/뉴베이식
가격별	• 프레스티지/브릿지/베터/볼륨/버짓

5) 라이프 스테이지별 분류

라이프 스테이지(life stage)란 그 사람이 일생의 어느 단계에 있는지를 나타낸다. 부모와 함께 생활하며 학교에 다니는지, 사회에서 직장 생활을 하는지 등에 따라 입는 옷의 종류와 스타일이 다를 것이다. 라이프 스테이지는 영유아(infant, 0~6세), 아동(child, 7~12세), 주니어(junior, 13~17세), 영(young, 18~22세), 영 어덜트(young adult, 23~29세), 어덜트(adult, 30~44세), 미들(middle, 45~54세), 시니어(senior, 55~64세), 실버(silver, 65

세~)로 구분된다.

6) 라이프 스타일별 분류

라이프 스타일(life style)이란 개인이 지닌 가치관, 살아가는 방식을 나타낸다. 같은 연령이라도 자신의 일과 성공에 가치를 둔 사람이 있는가 하면, 행복한 가정과 여가 생활을 중시하는 사람도 있다. 또는 환경, 윤리 등 사회적 가치를 생활의 목표로 삼은 사람도 있다. 그 차이는 일상생활 전반에 나타나며, 선택하는 패션 상품도 달라질 것이다. 라이프 스타일은 사람들의 행동 패턴, 소비생활 등을 통해 나타나는데, 최근의 라이프 스타일은 '건강', '환경', '개인', '홈', '디지털' 등을 키워드로 한다.

표 2. 라이프 스테이지의 분류 및 특징

분류	기준 연령	특징
주니어	13~17세	• 초등학교 고학년부터 중 · 고등학생 • 로 틴(low teen), 미들 틴(middle teen), 하이 틴(high teen)으로 나뉨 • 또래 집단의 패션을 형성, 모방 성향이 강하게 나타남 • 발랄하고 활동하기 편한 스포티 캐주얼이 중심을 이룸
영	18~22세	• 멋에 관심을 갖는 대학생과 사회 초년생 • 스포티한 캠퍼스웨어가 중심을 이룸 • 변화를 좋아해서 자유롭고 다양한 영 패션을 형성함
영 어덜트	23~29세	• 대학 졸업 후 사회생활을 하는 젊은 성인층 • 영 커리어(young career), 영 미세스(young Mrs.) 등이 속함 • 패션의 취향이 성숙되어 자신만의 스타일을 확립해 감
어덜트	30~44세	• '성숙한 어른'이란 의미 • 미시(missy), 커리어(career) 등이 속함 • 육체적인 연령보다 감성적인 연령을 중시함
미들	45~54세	• '중년'이란 의미. 기혼 여성은 '미세스'라 부름 • 사회에서 중간 관리직에 오르면서 소득도 늘어남 • 육체적으로 변화가 일어나면서 의복의 착용감을 중시함
시니어	55~64세	• '연장자', '상급자'의 의미 • 사회적 구속, 자녀양육에서 벗어나 제 2의 청춘을 즐기고자 함 • 활발한 문화생활과 소비활동을 하는 시니어층을 '액티브 시니어'라 부름
실버	65세~	• 노인 인구가 급증하면서 사회적인 관심을 갖게 된 연령층 • 건강이 가장 큰 관심거리 • 의복에서도 착용감과 기능성을 중시함

2. 의류 제품의 치수 체계

1) 국내 치수 체계

사람마다 체형과 체격은 조금씩 다르다. 누구에게나 잘 맞는 의류 제품을 제공하기 위해서는 다양한 체형과 체격을 합리적으로 분류한 치수 체계를 마련하고 이해하는 것이 중요하다. 우리나라 의류 제품의 치수 체계는 국가기술표준원(Korean Agency for Technology and Standards, KATS)의 KS(Korean Industrial Standards) 표준 규격의 기준[1]에 따른다. 의류 표준 규격은 '인체치수조사사업'의 결과를 반영하는데, 1979년부터 국가기술표준원 산하 기관인 '사이즈 코리아(Size Korea)'가 5~7년 주기로 '한국인 인체치수조사사업'을 실시해 오고 있다.[2] 이 사업은 KS 표준 규격을 위한 기초자료의 제공, 다양한 산업 요구에 부응하는 인체치수 자료의 제공, 체형의 변화를 고려한 인간공학적 제품 설계를 위한 기초자료 제공 등을 목표로 한 것이다.

KS 표준 의류치수 규격의 표시 방법은 다음과 같다.

- 의류치수의 측정용어는 국제표준화기구(International Organization for Standardization, ISO)[3]의 기준에 따른다.
  - 기본 신체부위 : 의류치수의 기본이 되는 신체부위, 즉 기본 의류 제품치수 항목에 대응하는 가슴둘레, 허리둘레, 키 등을 말한다.
  - 기본 신체치수 : 의류치수의 기본이 되는 신체부위의 치수를 말하며, 단위는 cm로 나타낸다 **표 3, 4**.
  - 제품치수 : 의류 특정부위의 제품치수, 즉 기본 신체치수에 대응하는 가슴둘레, 허리둘레, 상의 길이 등의 제품치수를 말한다.
- 의류 제품들은 ISO의 기준에 따라 각각 피트성이 필요한 경우와 그렇지 않은 경우로 나누어 신체치수를 표시한다. 의복의 품목별로 1~3개의 기본 신체치수를 표기하는데, cm의 단위 없이 '–'로 연결하여 호칭으로 사용한다 **표 5**.
- 상의, 하의 및 전신용 의류 중 피트성이 필요하지 않은 것은 S, M, L과 같이 기본 신체치수를 범위로 나타내는 문자를 호칭으로 대신할 수 있다 **표 6, 7**.

---

1 공업품의 종류, 형상, 품질, 생산방법, 시험 · 검사 · 측정방법 및 산업 활동과 관련된 서비스의 제공방법 · 절차 등을 통일하고, 단순화하기 위한 기준

2 사이즈 코리아는 인터넷 홈페이지(http://sizekorea.kr)를 통해 1979년 제1차 인체치수조사보고서부터 2020~21년 제8차 인체치수조사보고서에 이르는 자료들을 제공하고 있음

3 나라마다 다른 산업, 통상 표준의 문제점을 해결하고자 여러 나라의 표준제정 단체들의 대표들로 구성된 국제적인 표준화 기구. 1947년에 출범했으며, 우리나라는 1963년에 가입함. 현재 한국기술표준원(KATS)이 정회원으로 활동하고 있음

의류 제품의 치수는 성별, 연령별, 체형별로 구분되며, 의류 종류에 따라 다양한 방식으로 치수가 표기된다. KS 표준 의류치수 규격에는 유아복, 여자 아동복, 남자 아동복, 여자 청소년복, 남자 청소년복, 성인 여성복, 성인 남성복의 치수규격으로 세분화되어 있으며, 2002년부터는 노년 여성복을 위한 치수규격도 마련했다. 그 외에도 드레스셔츠, 파운데이션 의류, 모자, 양말 등 개별적인 품목을 위한 치수규격도 있다.

표 3. 한국 남성의 연령대별 주요 신체부위 치수(단위 : cm/kg)

측정항목 / 연령	키	몸무게	가슴둘레	허리둘레	엉덩이둘레	팔길이
16세	172.1	64.0	89.1	73.7	92.1	58.8
17세	172.6	65.7	90.5	75.2	93.2	58.8
18세	173.0	66.5	91.4	75.8	93.4	59.2
19세	173.1	68.1	93.0	77.6	93.7	59.2
20~24세	174.2	71.5	95.8	80.0	95.6	59.7
25~29세	173.6	74.0	96.9	83.0	97.0	59.3
30~34세	173.7	76.5	99.0	85.6	97.8	59.3
35~39세	172.5	75.1	98.7	85.9	96.8	58.5
40~49세	170.4	73.4	98.7	86.5	95.5	57.8
50~59세	168.2	70.6	97.4	86.9	93.8	57.1
60~69세	165.4	68.5	96.9	88.3	92.8	56.4
평균(16~69세)	172.2	71.0	95.5	81.6	95.1	58.8

자료 : 2015년 7차 한국인 인체치수조사사업 최종보고서

표 4. 한국 여성의 연령대별 주요 신체부위 치수(단위 : cm/kg)

측정항목 / 연령	키	몸무게	가슴둘레	허리둘레	엉덩이둘레	팔길이
16세	159.8	53.9	83.7	69.2	91.8	55.2
17세	159.8	54.9	84.9	70.4	92.3	55.3
18세	159.4	56.5	85.8	72.0	93.8	55.0
19세	159.8	56.4	85.6	72.7	93.5	54.8
20~24세	160.9	55.1	85.0	71.0	92.7	55.2

(계속)

연령 \ 측정항목	키	몸무게	가슴둘레	허리둘레	엉덩이둘레	팔길이
25~29세	160.8	55.7	84.8	72.4	93.1	54.9
30~34세	160.2	56.8	86.3	75.0	93.3	54.7
35~39세	160.2	58.8	87.6	77.3	94.1	54.5
40~49세	157.0	58.2	89.3	78.8	93.5	53.9
50~59세	154.7	58.8	90.6	82.5	92.9	53.9
60~69세	152.9	59.0	91.0	86.0	92.6	53.8
평균(16~69세)	158.7	56.8	86.9	75.4	93.1	54.6

자료 : 2015년 7차 한국인 인체치수조사사업 최종보고서

표 5. KS 표준 의류치수 규격에 따른 성별, 연령별 치수 표기방법

구분			치수표시 부위 및 순서	치수표시의 예
성인 여성복	정장 재킷, 정장 코트, 피트한 블라우스, 정장 원피스		가슴둘레–엉덩이둘레– 키	85–91–160
	캐주얼 재킷, 점퍼, 캐주얼 코트, 트렌치 코트, 캐주얼 원피스		가슴둘레–키	85–160
	정장 바지, 정장 스커트		허리둘레–엉덩이둘레	73–91
	캐주얼 바지, 캐주얼 스커트		허리둘레	75
성인 남성복	신사복	상의(재킷, 턱시도, 코트)	가슴둘레–허리둘레–키	94–79–175
		하의(정장 바지)	허리둘레–엉덩이둘레	78–94
	셔츠	정장용 드레스 셔츠	목둘레–화장* *목뒤점~어깨가쪽점~손목안쪽점	38–80
		캐주얼 셔츠	가슴둘레	95
	캐주얼 재킷, 캐주얼 코트, 카디건		가슴둘레–키	95–175
	점퍼, 편성물제 상의류		가슴둘레	95
	캐주얼 바지		허리둘레	80
아동복	정장	정장 상의, 정장 조끼, 정장 원피스, 피트한 블라우스	키–가슴둘레	130–61
		정장 바지, 정장 스커트	키–허리둘레	130–55

(계속)

구분			치수표시 부위 및 순서	치수표시의 예
아동복	캐주얼 상의, 캐주얼 하의, 코트, 캐주얼 원피스, 운동복, 잠옷 등		키	130
	내의	상의(러닝셔츠 등)	가슴둘레	70
		하의(팬티, 긴 내의)	엉덩이둘레	75
내의류 잠옷	여성	전신용(슬립, 원피스 잠옷) 상의(러닝셔츠, 잠옷 상의) 하의(팬티, 잠옷 하의)	가슴둘레-키 가슴둘레 엉덩이둘레	85-160 85 95
	남성	상의(러닝셔츠, 잠옷 상의) 하의(팬티, 잠옷 하의)	가슴둘레 엉덩이둘레	95 95
브래지어	밑가슴둘레-브래지어 컵 크기* (*가슴둘레와 밑가슴둘레의 차이) *AAA : 5cm / AA : 7.5cm / A : 10cm / B : 12.5cm / C : 15cm / D : 17.5cm			70AA
수영복	여성	전신용 수영복, 레오타드 수영복 상의 레깅스, 타이츠, 수영복 하의	가슴둘레-키 가슴둘레 엉덩이둘레	85-160 85 95
	남성	수영복, 레깅스, 레오타드	엉덩이둘레	95
작업복 운동복	전신용(오버올) 상의(작업용 셔츠, 작업용 점퍼) 하의(작업용 바지)		가슴둘레-키 가슴둘레 허리둘레	85-160 85 75
양말			발길이(mm)	240

자료 : 성인 남성복의 치수(KSK0050), 성인 여성복의 치수(KSK0051), 남자 아동복의 치수(KSK9402), 여자 아동복의 치수(KSK9403)를 참고하여 작성

표 6. 범위를 나타내는 호칭 구성법(남성복)

호칭		의미
체격 표시 호칭	M	체격이 보통인 medium의 의미를 나타내는 약자
	L	체격이 큰 large의 의미를 나타내는 약자
	XL	체격이 가장 큰 extra large의 의미를 나타내는 약자
키 표시 호칭	R	키가 보통인 regular의 의미를 나타내는 약자(157cm 이상 170cm 미만)
	T	키가 큰 tall의 의미를 나타내는 약자(170cm 이상 182cm 미만)

자료 : 성인 남성복의 치수(KSK050), 국가기술표준원(2019)

표 7. 범위를 나타내는 호칭 구성법(여성복)

호칭		의미
체격 표시 호칭	S	체격이 작은 small의 의미를 나타내는 약자
	M	체격이 보통인 medium의 의미를 나타내는 약자
	L	체격이 큰 large의 의미를 나타내는 약자
	XL	체격이 가장 큰 extra large의 의미를 나타내는 약자
키 표시 호칭	P	키가 작은 petite를 나타내는 약자(155cm 미만)
	R	키가 보통인 regular를 나타내는 약자(155cm 이상 165cm 미만)
	T	키가 큰 tall을 나타내는 약자(165cm 이상)

자료 : 성인 여성복의 치수(KSK0051), 국가기술표준원(2019)

2) 해외 치수 체계

여행이나 온라인 쇼핑이 보편화되면서 누구나 쉽게 해외 의류 제품을 구매할 수 있게 되었다. 그때 필요한 것이 치수규격에 대한 정보이다. 세계 여러 곳에서 생산·유통되는 다양한 제품들을 소비자가 편리하게 구매할 수 있도록 세계 각국은 국제표준화기구(ISO)의 국제규격, 유럽통합규격(Europa Norm, EN) 등에서 정한 치수규격에 따른 의류 치수 체계를 갖고 있다. 그러나 국가 간, 브랜드 간 치수 범위 및 호칭에 차이가 있어서 구매하는 데 어려움이 있다. 다음 표들은 국가별로 여성복, 남성복, 아동복, 신발의 표준 치수들을 비교한 것이다.

표 8. 국가별 남성복 표준 치수

구분	XS	S	M	L	XL	XXL
한국	85	90	95	100	105	110
미국	85–90	90–95	95–100	100–105	105–110	110–
	14	15	15.5–16	16.5	17.5	–
일본	S	M	L	LL, XL	–	–
	36	38	40	42	44	46
영국	0	1	2	3	4	5
프랑스	40	42,44	46,48	50,52	54,56,58	60,62
유럽	44–46	46	48	50	52	54

자료 : 국가별 사이즈 기준표(http://store.musinsa.com)

표 9. 국가별 여성복 표준 치수

구분	XS	S	M	L	XL	XXL
한국	44(85)	55(90)	66(95)	77(100)	88(105)	110
미국, 캐나다	2	4	6	8	10	12
일본	44	55	66	77	88L	–
영국, 호주	4–6	8–10	10–12	16–18	20–22	–
프랑스	34	36	38	40, 42	44, 46, 48	50, 52, 54
이탈리아	80	90	95	100	105	110
유럽	34	36	38	40	42	44

자료 : 국가별 사이즈 기준표(http://store.musinsa.com)

표 10. 미국 유 · 아동복 표준 치수

구분		S		M		L		XL
남아 (2~7세)	사이즈	2T	3T	4T	4	5	6	7
	키	84~91	91–99	91~99	99~107	107~114	114~122	122~130
	몸무게	13~15	14~15	13~15	14~15	19~21	20~23	23~25
남아 (8~20세)	사이즈	8	10	12	14	16	18	20
	키	123~127	128~137	138~147	149~155	156~163	164~168	169~173
	몸무게	25~27	27~33	34~39	40~45	46~52	52~57	58~63
여아 (2~6세)	사이즈	2T	3T	4T	4	5	6	6X
	키	84~91	91~99	91~99	99~107	107~114	114~122	122~130
	몸무게	13~15	14~15	13~15	14~15	19~21	20~23	23~25
여아 (7~16세)	사이즈	7		8	10	12	14	16
	키	91~99	124~130	131~135	136~140	141~146	147~152	154~159
	몸무게	25~27		28~30	30~34	34~38	39~44	44~50

자료 : 국가별 사이즈 기준표(http://store.musinsa.com)

표 11. 국가별 신발 표준 치수

한국	일본	인터내셔널		미국		영국		유럽	
		남	여	남	여	남	여	남	여
220	22	–	XXXS	–	5	–	3	–	36
225	22.5	–		–	5.5	–	3.5	–	36.5
230	23	XXXS	XXS	–	6	–	4	–	37
235	23.5			–	6.5	–	4.5	–	37.5
240	24	XXS	XS	6	7	5	5	38	38
245	24.5			6.5	7.5	–	5.5	–	38.5
250	25	XS	S	7	8	6	6	39	39
255	25.5			7.5	8.5	–	6.5	40.5	40
260	26	S	M	8	9	7	7	40.5	40
265	26.5			8.5	9.5	7.5	7.5	41	40.5
270	27	M	L	9	10	8	8	42	41
275	27.5			9.5	10.5	8.5	8.5	42.5	41.5
280	28	L	XL	10	11	9	9	43	42
285	28.5			10.5	11.5	9.5	–	44	–
290	29	XL	XXL	11	12	10	–	44.5	–
295	29.5			11.5	12.5	10.5	–	45	–

자료 : 국가별 사이즈 기준표(http://store.musinsa.com)

PRACTICE

라이프 스테이지 중 하나를 선택한 후, 그 연령층의 어케이전별 패션 상품의 사진을 수집하고 디자인의 특징을 써보자.

<table>
<tr><th>라이프 스테이지의 선정</th><th colspan="2">주니어 / 영 / 영 어덜트 / 어덜트 미들 / 시니어 / 실버</th></tr>
<tr><td rowspan="2">오피셜웨어</td><td colspan="2">구체적 상황(예 : 주요 회의 참석, 학교 강의 출석 등)</td></tr>
<tr><td>사진</td><td>디자인 특징</td></tr>
<tr><td rowspan="2">프라이빗웨어</td><td colspan="2">구체적 상황(예 : 휴일의 쇼핑, 가족과의 여행 등)</td></tr>
<tr><td>사진</td><td>디자인 특징</td></tr>
<tr><td rowspan="2">소셜웨어</td><td colspan="2">구체적 상황(예 : 크리스마스 파티, 친구 결혼식 참석 등)</td></tr>
<tr><td>사진</td><td>디자인 특징</td></tr>
</table>

MEMO

02

FASHION ITEMS AND FLAT WORK

패션 아이템과 도식화

20세기 중반 이후 대중 매체와 어패럴 산업이 발달하면서 패션은 특정 스타일을 제시하는 방향으로 변화해 왔다. 스타일이란 의복, 메이크업, 헤어스타일을 서로 코디네이션해서 어떤 이미지를 표현한 것이다. 그때 활용되는 의복의 품목들을 패션 아이템(fashion item)이라 한다. 본 장에서는 패션 아이템에는 어떤 종류들이 있으며, 그 특성은 무엇인지 알아본다. 그리고 그것을 도식화로 정확하게 표현하는 방법에 대해 학습한다.

1. 패션 아이템

패션 아이템이란 패션 상품의 유형, 즉 품목을 말한다. 여성복, 남성복, 아동복에 따라 구성 아이템은 약간씩 차이가 있는데, 크게 두 가지가 있다. 첫 번째는 원피스, 슈트와 같이 한 벌로 된 의복으로 흔히 '정장(正裝)'이라 부른다. 두 번째는 스커트, 팬츠, 블라우스, 베스트, 재킷 등과 같이 다른 아이템과 코디네이션해서 입어야 하는 것으로, 흔히 '단품(單品)'이라 부르며 영어로는 '세퍼레이츠(separates)'라고 한다. 그 외에도 베이식 아이템(basic item)과 트렌디 아이템(trendy item)으로 나누는 방법도 있다.

최근에는 한 벌로 된 의복보다는 여러 아이템들을 서로 코디네이션해서 입는 것을 선호한다. 또한 항상 트렌드가 새롭게 등장한다고 하지만 베이식 아이템이 약간 변형된 경우가 많다. 따라서 가장 기본이 되는 아이템들과 그 종류에 대해 알아보는 것이 중요한데, 구체적인 종류는 **표 1**과 같다.

표 1. 패션 아이템의 분류

대분류	소분류
아우터(outer)	재킷(jacket, JK), 점퍼(jumper, JP), 코트(coat, CT), 베스트(vest, VT)
톱(top)	셔츠(shirts, SH), 티셔츠(T-shirts, TS), 블라우스(blouse, BL)
보텀(bottom)	팬츠(pants, PT), 스커트(skirt, SK)
니트웨어(knit wear, KN)	스웨터(sweater, SW), 베스트(vest, VT), 카디건(cardigan, CD), 커트 앤 소운(cut & sewn)
원피스(one-piece, OP) 슈트(suit)	원피스(one-piece, OP) 슈트(suit, ST)
이너웨어(inner wear)	파운데이션(foundation), 란제리(lingerie), 언더웨어(under wear)
액세서리(accessory)	가방(bag), 모자(hat, cap), 신발(shoes), 스카프(scarf), 머플러(muffler), 넥타이(neck tie), 벨트(belt) 등

1) 스커트

스커트(skirt)는 하반신을 덮는 원통형의 의복으로, 한 벌로 된 옷의 하의로 입거나 셔츠, 블라우스 등과 코디네이션해서 착용한다. 또한 원피스나 코트 등의 허리 밑 부분을 가리키기도 한다. 스커트는 길이, 실루엣 형태, 허리선의 위치 등에 따라 분류되는데, 역사적으로 그 변화가 유행의 상징이 되어 왔다.

(1) 실루엣에 의한 분류

(2) 허리 위치 및 길이에 의한 분류

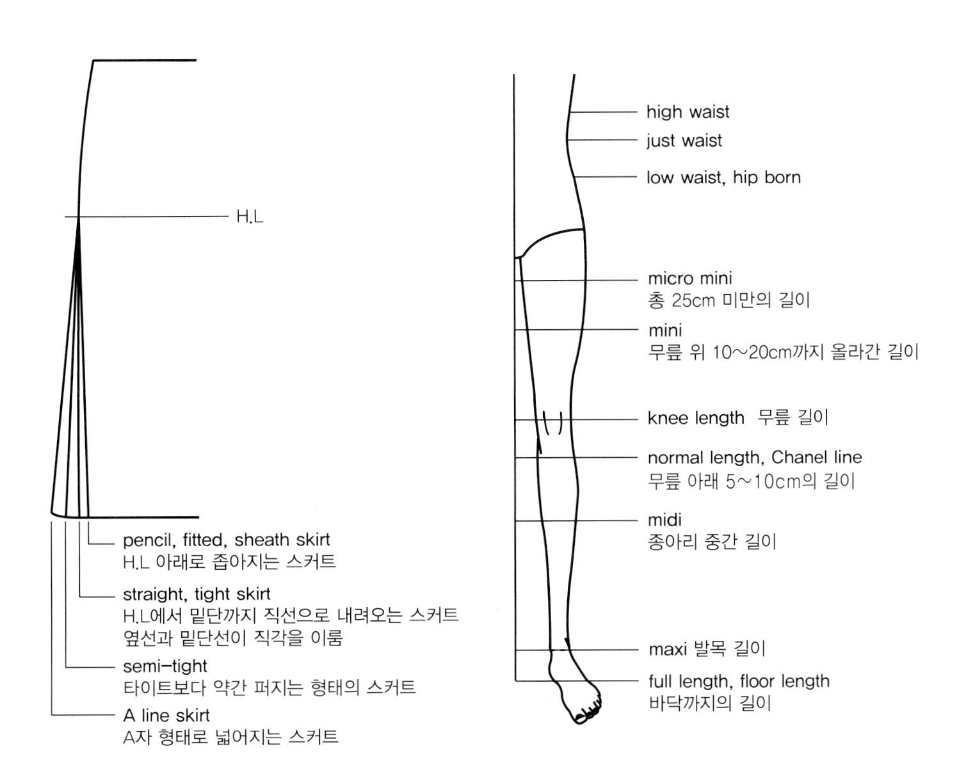

(3) 디테일 명칭

스트레이트 스커트의 디테일 명칭

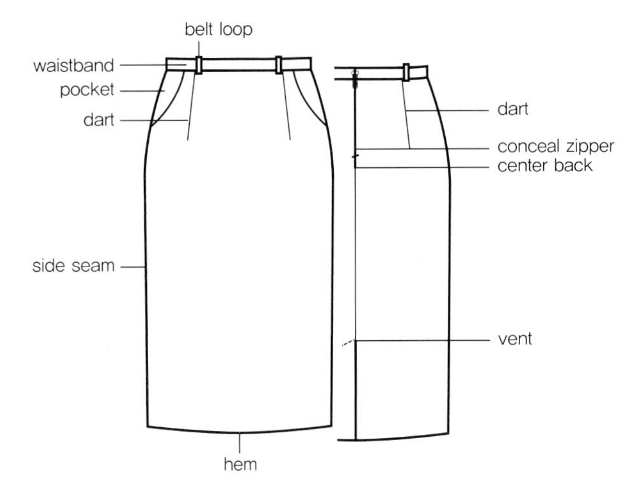

스커트의 기본 형태. 허리에서 엉덩이까지 잘 맞고 그 아래는 직선으로 내려옴. 앞뒤에 허리 다트, 슬릿(slit)이나 벤트(vent)가 들어감. 타이트 스커트(tight skirt)라고도 함

(4) 디자인에 의한 분류

플레어 스커트(flare skirt)

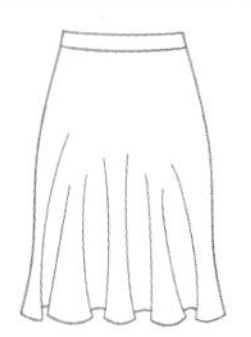

허리 아래로 파도와 같은 주름이 자연스럽게 생기는 스커트

개더 스커트(gather skirt)

허리선에서 잔주름을 잡아서 풍성함을 준 스커트

플리츠 스커트(pleats skirt)

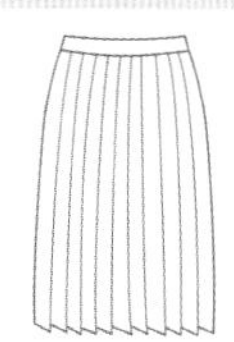

천을 접어서 주름을 만든 스커트. 접는 방법에 따라 다양한 종류가 있음

티어드 스커트(tiered skirt)

티어드란 '층으로 된'이란 의미. 몇 개의 층으로 이루어진 스커트

페그 톱 스커트(peg top skirt)

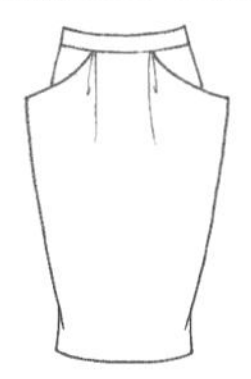

팽이 모양의 스커트. 허리부분은 여유가 많고 밑으로 갈수록 좁아지는 형태

고어드 스커트(gored skirt)

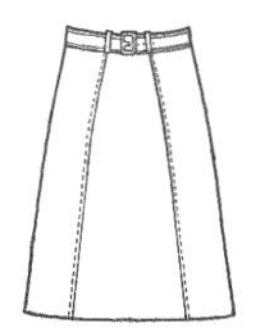

옷감을 여러 폭으로 나누어 붙여서 사다리꼴로 만든 스커트. 6, 8, 12폭 등이 있음

머메이드 스커트(mermaid skirt)

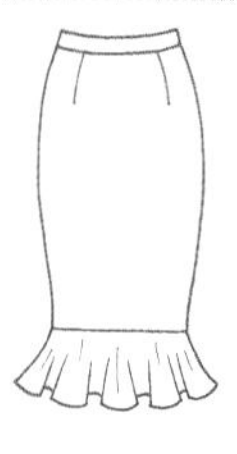

인어와 같이 위는 꼭 맞고 아래는 퍼지는 실루엣의 스커트. 비슷한 형태로 트럼펫 스커트 (trumpet skirt)가 있음

벌룬 스커트(balloon skirt)

허리에 개더 등을 넣어 부풀리고 밑단은 조여서 풍선과 같은 형태로 만든 스커트

힙 본 스커트(hip bone skirt)

실제 허리선보다 밑으로 걸쳐 입는 스커트. 힙 허거 스커트(hip hugger skirt)라고도 함

요크 스커트(yoke skirt)

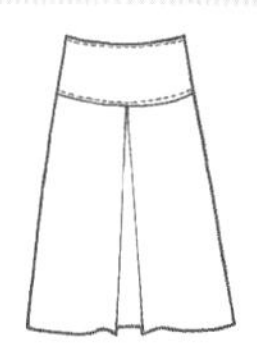

허리선과 엉덩이선 사이에 수평 절개선을 넣은 스커트. 체형을 커버해 주는 효과를 지님

킬트 스커트(kilt skirt)

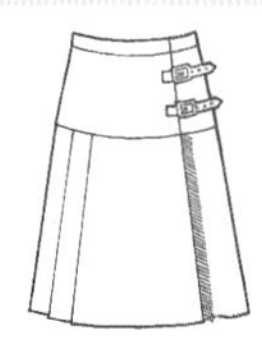

스코틀랜드 남성들이 입었던 타탄(tartan) 체크의 민속의상에서 유래. 한쪽 방향으로 주름을 잡고 가죽 띠, 장식 핀 등으로 여며서 입음

퀼로트 스커트(culotte skirt)

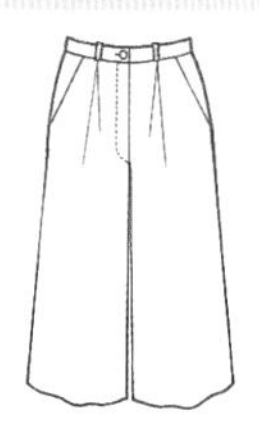

디바이디드(divided) 스커트, 치마바지라고도 함

2) 팬츠

팬츠(pants)는 우리말로 바지라 하며, 영어로는 트라우저(trousers), 슬랙스(slacks), 프랑스어로는 판탈롱(pantalon)이라고 한다. 양쪽 다리가 각각 분리된 하의로 원래 남성들이 주로 입었으나, 1970년대 이브 생로랑(Yves Saint Laurent)이 격식 있는 장소에서 입을 수 있는 시티 팬츠(city pants)를 발표한 이래 여성들의 주요 아이템으로도 정착했다. 팬츠는 실루엣 형태, 길이 등에 따라 분류된다.

(1) 실루엣에 의한 분류

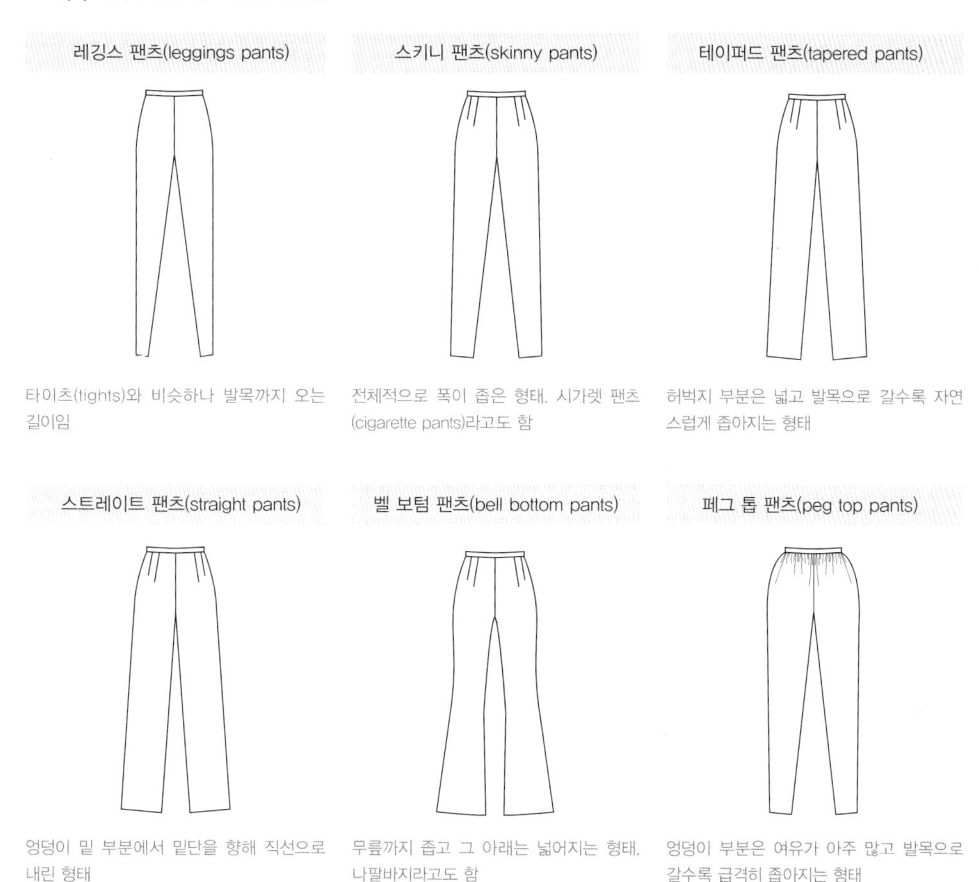

레깅스 팬츠(leggings pants)
타이츠(tights)와 비슷하나 발목까지 오는 길이임

스키니 팬츠(skinny pants)
전체적으로 폭이 좁은 형태. 시가렛 팬츠(cigarette pants)라고도 함

테이퍼드 팬츠(tapered pants)
허벅지 부분은 넓고 발목으로 갈수록 자연스럽게 좁아지는 형태

스트레이트 팬츠(straight pants)
엉덩이 밑 부분에서 밑단을 향해 직선으로 내린 형태

벨 보텀 팬츠(bell bottom pants)
무릎까지 좁고 그 아래는 넓어지는 형태. 나팔바지라고도 함

페그 톱 팬츠(peg top pants)
엉덩이 부분은 여유가 아주 많고 발목으로 갈수록 급격히 좁아지는 형태

배기 팬츠(baggy pants)

전체적으로 크고 헐렁하다는 의미. 밑위가 길며, 밑단까지 직선으로 내려오거나 좁아지는 형태

팔라초 팬츠(palazzo pants)

배기와 비슷하나 밑으로 갈수록 더욱 넓어져서 스커트처럼 보이는 형태

(2) 길이에 의한 분류

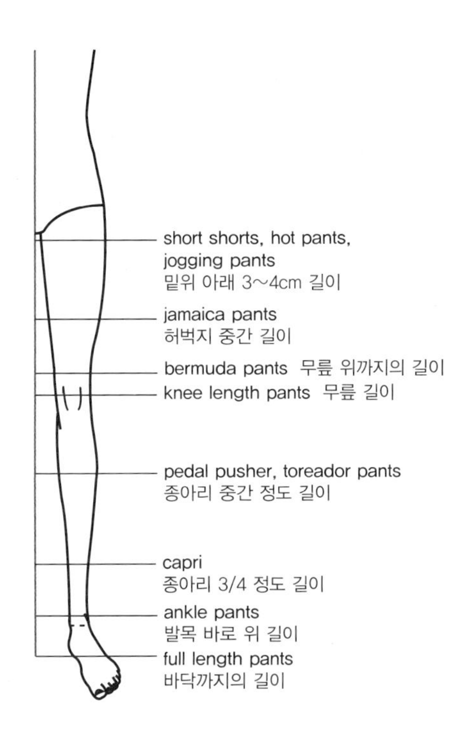

(3) 디테일 명칭

테일러드 팬츠의 디테일 명칭

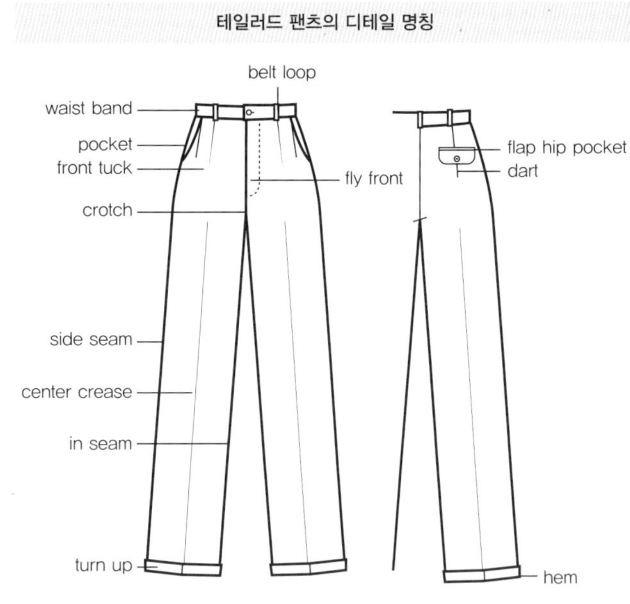

남성들이 양복 재킷과 함께 입는 팬츠. 매니시하고 클래식한 이미지의 스트레이트 실루엣, 앞면에 1~2개의 턱이 있음

(4) 디자인에 의한 분류

니커즈(knickers)

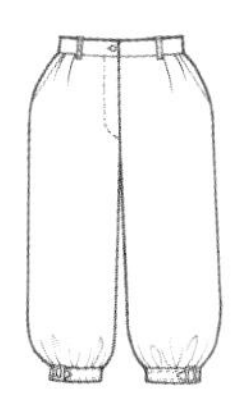

19세기 미국의 네덜란드 이민자들을 가리키는 말에서 운동용 반바지를 의미하는 명칭이 됨. 바지 밑단을 단추나 밴드로 조여서 입는 무릎 길이의 팬츠

진즈(jeans)

데님 소재를 인디고 블루(indigo blue)로 염색한 팬츠. 캐주얼웨어의 베이식 아이템

부츠 컷 팬츠(boots cut pants)

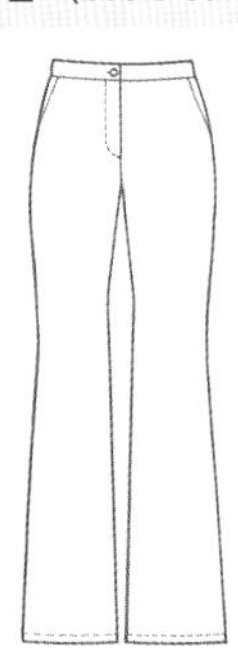

부츠를 신었을 때 예쁜 모양이 되도록 바지의 밑단을 약간 넓게 한 팬츠

조드퍼즈(jodhpurs)

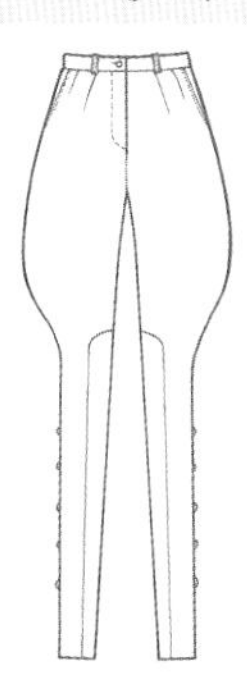

허리에서 무릎까지 풍성하고, 그 밑은 꼭 맞는 팬츠. 라이딩 팬츠(riding pants), 승마바지라 함

가우초 팬츠(gaucho pants)

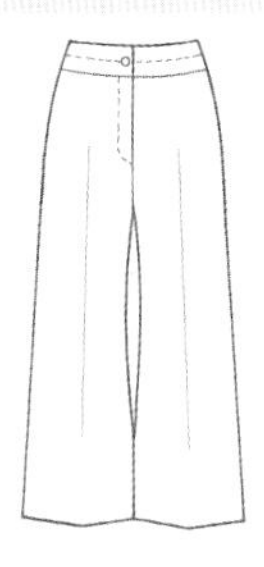

남미의 목동들이 입었던, 종아리 정도 길이의 폭이 넓은 팬츠

스터럽 팬츠(stirrup pants)

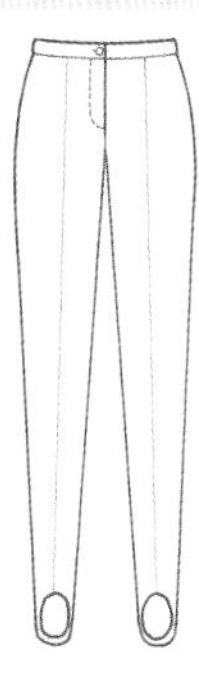

'스터럽'이란 말을 탈 때 딛는 발 받침대를 의미. 그런 형태의 발고리가 달린 팬츠

블루머(bloomers)

전체적으로 풍성한 벌룬 형태의 쇼트 팬츠

하렘 팬츠(harem pants)

이슬람교 여성들이 입는 바지부리를 조인 벌룬 형태의 팬츠

조거 팬츠(jogger pants)

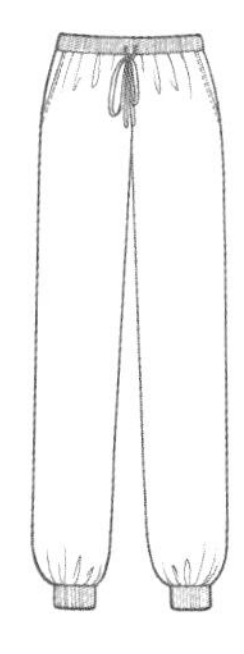

'조깅을 하는 사람'을 뜻하는 '조거'와 팬츠가 결합된 말로, 허리와 발목에 고무줄을 넣거나 니트 밴드를 덧붙여서 활동성을 준 팬츠

카고 팬츠(cargo pants)	오버올즈(overalls)	점프 슈트(jumpsuit)
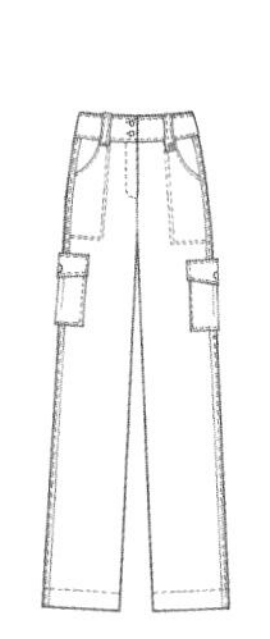	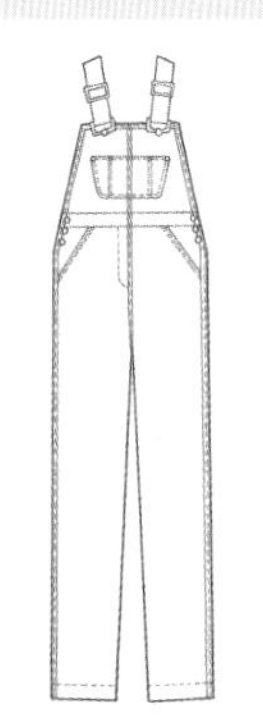	
카고란 '짐, 화물'이란 뜻으로 여러 물건들을 넣을 수 있도록 포켓을 많이 장식한 팬츠	팬츠의 허리선 위에 사각형 조각을 덧붙인 팬츠. 앞 포켓과 어깨끈이 있음	팬츠와 상의가 하나로 연결된 의복을 총칭함

3) 셔츠, 블라우스

셔츠(shirts)는 셔츠 칼라와 커프스가 달린 앞이 트인 상의로, 재킷 안에 입거나 단독으로 입는다. 이에 비해 여성스러운 장식이 들어가거나 가볍고 부드러운 소재를 사용한 것을 블라우스(blouse)라 한다. 입는 방법에 따라 옷자락을 팬츠나 스커트 속에 넣어 입으면 언더(under) 블라우스라 하고 겉으로 내어 입으면 오버(over) 블라우스라고 한다. 최근에는 캐주얼 스타일의 옷을 즐겨 입으면서 셔츠를 아우터 감각으로 입는 경우가 많아졌다.

(1) 디테일 명칭

버튼다운 셔츠의 디테일 명칭

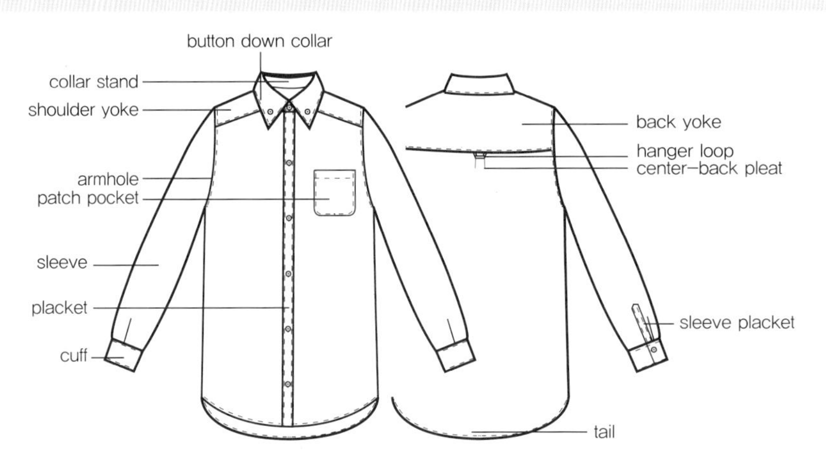

버튼다운 칼라가 들어간 캐주얼 셔츠. 아이비 룩(Ivy look)을 구성하는 아이템 중 하나임

(2) 디자인에 의한 분류

클레릭 셔츠(cleric shirts)

몸판과 소매는 무늬가 있거나 유색의 소재를 사용하고 칼라와 커프스는 흰색으로 한 셔츠

드레스 셔츠(dress shirts)

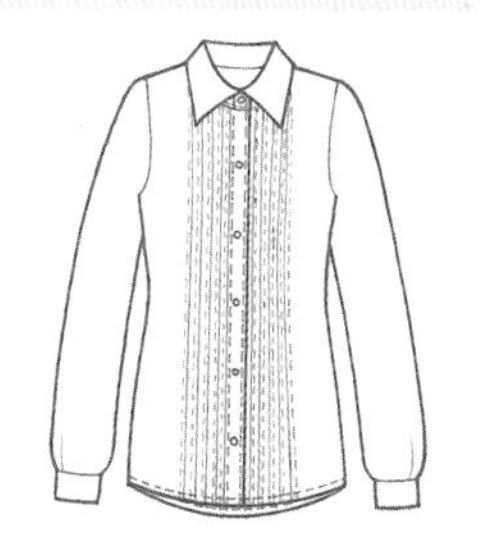

남성 예복용 셔츠. 앞면에 핀턱, 레이스, 프릴 등의 장식이 있음

웨스턴 셔츠(western shirts)

미국 서부의 카우보이가 입었던 스포티한 셔츠. 스티치, 프린지, 자수 장식 등이 들어감

오픈 칼라 셔츠(open collar shirts)

라펠이 몸판과 연결된 셔츠. 목 부근을 시원하게 열어서 입음

하와이언 셔츠(Hawaiian shirts)

하와이와 같은 리조트 지역에서 입는 셔츠. 화려한 색상, 꽃무늬, 야자수 무늬 등이 특징임

페플럼 블라우스(peplum blouse)

러플이나 플라운스로 만든 페플럼을 허리에 장식한 여성스러운 블라우스

페전트 블라우스(peasant blouse)

유럽의 농부나 집시 의상에서 유래. 품이 넓으며 스모킹, 셔링 등의 장식이 들어감

캐미솔 블라우스(camisole blouse)

어깨끈이 달린 속옷과 같은 형태이나 겉옷으로 입을 수 있도록 디자인된 블라우스

뷔스티에 블라우스(bustier blouse)

19세기 초 속옷의 일종으로 등장했으나, 1980년대부터 겉옷으로 입기 시작함. 짧고 꼭 맞는 어깨끈이 없는 형태의 블라우스

4) 니트 웨어

니트는 '뜨다, 짜다'의 의미로 니트 웨어란 '짜서 만든 의류'를 말한다. 손으로 직접 짜는 것과 기계 편물 모두 포함된다. 옷감으로 만든 옷은 체형에 맞추기 위해 다트, 턱 등이 들어가지만 니트 웨어는 코를 늘이거나 줄이면서 자유롭게 형태를 만들 수 있다. 따

라서 니트웨어는 신축성과 탄력성이 있으며 부드럽고 가벼운 장점이 있다. 요즘은 니트에 다양한 장식을 넣은 것, 라메(lamé)를 섞어 짠 것, 저지(jersey) 소재[1]로 옷감과 같이 재단, 봉제한 것 등 니트웨어는 우리 의생활에서 없어서는 안 될 중요한 아이템이 되었다.

표 2. 니트 웨어의 종류

종류	설명
스웨터(sweater)	앞트임이 없어서 머리를 통과해서 입는 풀오버(pullover) 방식의 상의
베스트(vest)	소매가 없는 상의
카디건(cardigan)	앞트임이 있어서 좌우를 여며서 입는 상의
커트 앤 소운(cut and sewn)	저지 소재로 재단, 봉제해서 만든 의류의 총칭

(1) 스웨터, 베스트, 카디건

크루 넥 스웨터(crew neck sweater)

가장 기본형으로 둥근 목둘레가 잘 맞는 풀오버 방식의 스웨터

터틀 넥 스웨터(turtle neck sweater)

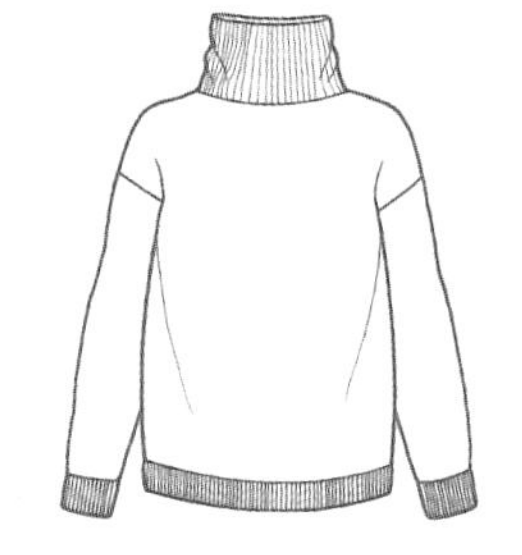

높은 길이의 칼라를 한 번이나 두 번 접어서 입는 스웨터. 거북이의 목과 같은 형태에서 유래함

테니스 스웨터(tennis sweater)

과거 테니스용으로 입었던 데서 유래. 케이블 뜨기, V넥, 장식선 등이 특징임

아가일 베스트(Argyle vest)

아가일 체크란 스코틀랜드 지명에서 유래한 다이아몬드 모양의 패턴을 말함

코위찬 카디건(Cowichan cardigan)

캐나다 코위찬 호수 부근의 인디언들이 입었던 니트 카디건. 동물, 눈의 결정체, 기하학 무늬가 특징임

판초(poncho)

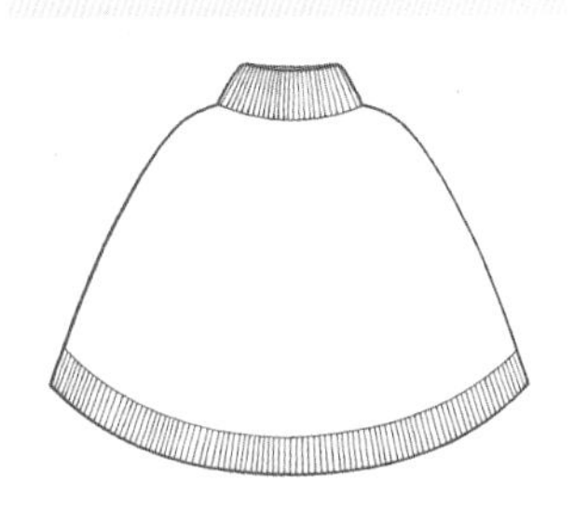

머리를 통과시켜 입는 방식으로 남미의 민속 복식에서 유래. 니트 외에 두꺼운 천으로 만들기도 함

---

1 재단해서 봉제할 수 있는 편성물을 통틀어 저지 또는 니트 패브릭(knitted fabric, 편성포)이라 함

- 피셔맨 스웨터(fisherman's sweater) : 피셔맨 스웨터란 북유럽의 어부들이 입었던 스웨터에서 유래한다. 과거에는 방수성을 높이기 위해 유지가공을 해서 입었으나, 현재에는 특유의 무늬가 들어간 스웨터를 가리킨다.

노르딕 스웨터: 북유럽 노르웨이에서 유래. 두 개 정도의 색상을 사용, 어깨와 가슴 부근에 눈의 결정체, 뾰족한 장미 패턴 등이 들어감

페어아일 스웨터: 북유럽 스코틀랜드 지방에서 유래. 노르딕에 비해 다양한 색상을 사용, 숫양의 뿔, 닻, XO 모티프 등이 가로로 들어감

아란 스웨터: 북유럽 아일랜드 지방에서 유래. 단색의 굵은 실로 케이블 뜨기, 지그재그 뜨기 등을 오목 볼록하게 짠 것이 특징임

(2) 커트 앤 소운

크롭 톱: 가슴 아래로 짧게 자른 것 같은 길이의 저지 소재의 톱. 톱이란 간편하게 입을 수 있는 심플한 상의를 말함

탱크 톱: 저지 소재의 민소매 톱으로 네크라인과 암홀을 깊게 판 것

캐미솔: 저지 소재로 만든 톱의 일종으로, 어깨 끈만 있어서 어깨와 가슴 부위를 노출시킨 것

폴로 셔츠: 폴로 칼라가 있는 스포츠 셔츠의 일종

보더 티셔츠(border T-shirts)

스웨트 셔츠(sweat shirts)

후드 집 업(hood zip up)

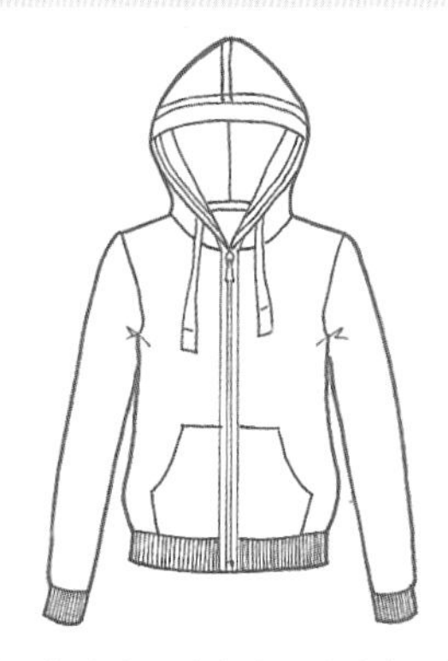

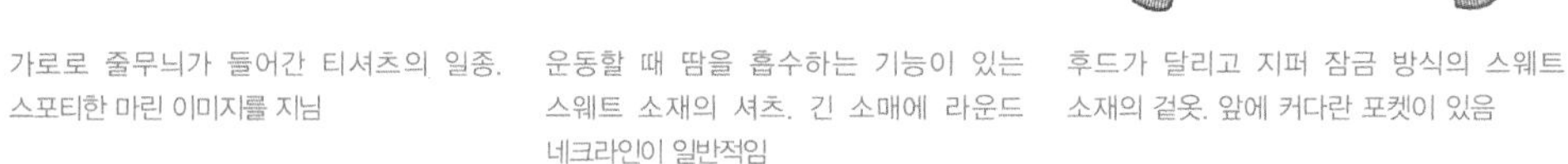

가로로 줄무늬가 들어간 티셔츠의 일종. 스포티한 마린 이미지를 지님

운동할 때 땀을 흡수하는 기능이 있는 스웨트 소재의 셔츠. 긴 소매에 라운드 네크라인이 일반적임

후드가 달리고 지퍼 잠금 방식의 스웨트 소재의 겉옷. 앞에 커다란 포켓이 있음

5) 재킷, 점퍼, 슈트

재킷(jacket)은 남녀가 착용하는 상의의 총칭이다. 대부분 허리에서 엉덩이 정도의 길이이며, 소매가 있고 앞이 트여서 옷 위에 걸쳐 입는 구조이다. 그러나 디자인의 폭이 넓어서 소매가 없는 것, 머리부터 통과시켜 입는 풀오버 방식의 것, 허리보다 짧은 길이의 것도 포함한다. 재킷은 남녀 패션 코디네이션에서 중요한 역할을 하는 아이템으로, 트래디셔널 타입, 엘레강트 타입, 캐주얼 타입으로 분류할 수 있다.

트래디셔널 타입의 기본은 남성용 양복과 같은 테일러드 재킷이다. 테일러드란 '남성복 전문 재단사가 만든'이란 의미로, 테일러드 재킷은 여성복과 구별되는 소재, 패턴, 재단, 봉제 방식으로 만든 전통적인 재킷을 가리킨다. 용도별로 정장부터 캐주얼까지 다양한 종류가 있는데, 스포츠나 유니폼용으로 편안함을 강조한 테일러드 재킷은 블레이저(blazer)라고 한다. 엘레강트 타입은 재킷의 칼라, 디테일, 소재, 길이 등을 여성스럽게 변화시킨 디자인으로 샤넬 재킷, 페플럼(peplum) 재킷 등이 그 예이다. 캐주얼 타입은 군복, 작업복, 운동복 등에서 아이디어를 얻은 것으로 흔히 점퍼(jumper), 블루종(blouson)[2], 파카(parka)[3]라 부르는 것이 여기에 속한다. 모두 운동량을 고려하여 품이

2 '블루종'이란 프랑스어로 점퍼와 같은 의미. 대개 허리가 꼭 맞는 루즈하고 짧은 재킷을 가리킴

3 후드가 달린 품이 넉넉한 방한, 방풍용 상의. 풀오버 방식이 원칙이나 앞이 트여 있는 것도 포함함

넉넉하며, 잠금 방식을 간편화하고 기능성 소재를 사용하는 등 아웃도어 활동에 적합한 디자인이 특징이다.

한편 슈트(suit)는 재킷과 팬츠 혹은 스커트를 동일한 소재로 만든 한 벌 개념의 아이템이다. 지금까지 슈트는 격식 있는 자리를 위한 대표적인 패션 아이템이었으나 최근에는 셔츠와 팬츠, 블라우스와 스커트 등과 같이 세트가 되는 아이템을 선택 가능하게 하는 등 캐주얼 느낌의 슈트도 증가하고 있다.

(1) 테일러드 재킷의 디테일

테일러드 재킷은 남성뿐 아니라 여성의 정장으로도 다양하게 활용되는 중요한 아이템이다. 라펠 모양, 여밈 방법, 벤트의 위치와 개수 등에 따라 디자인을 구분하기 때문에 정확한 명칭과 그 특징을 알아두는 것이 필요하다.

테일러드 재킷(노치드 라펠, 싱글 여밈)

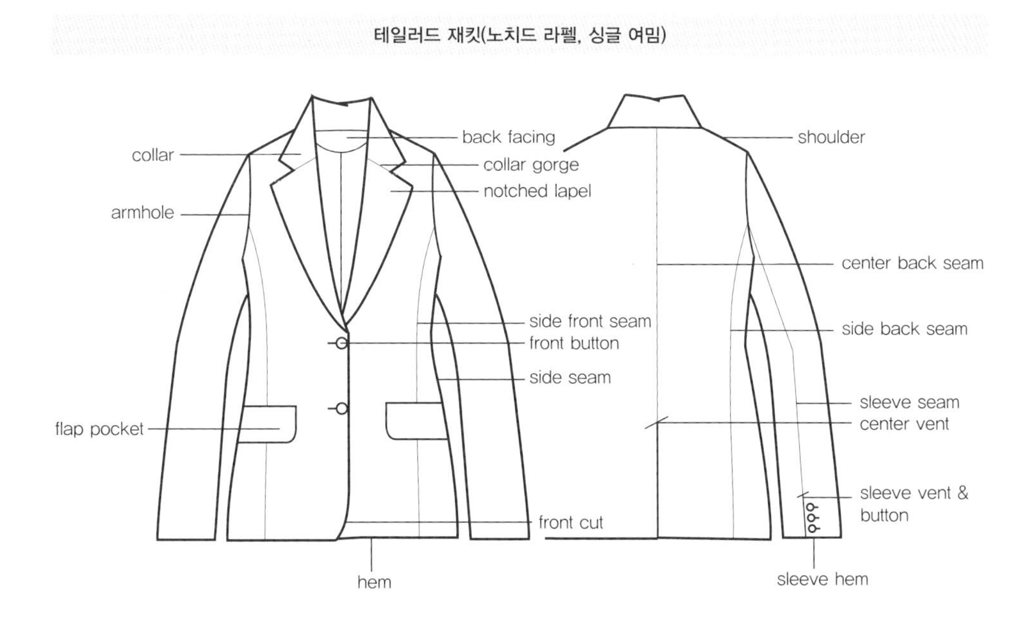

테일러드 재킷(피크트 라펠, 더블 여밈)

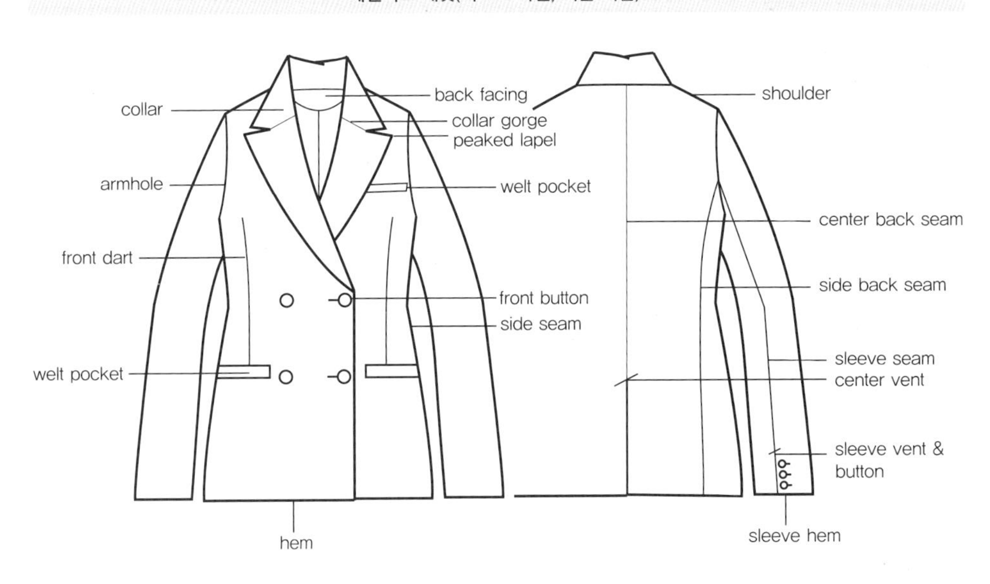

재킷의 벤트 종류

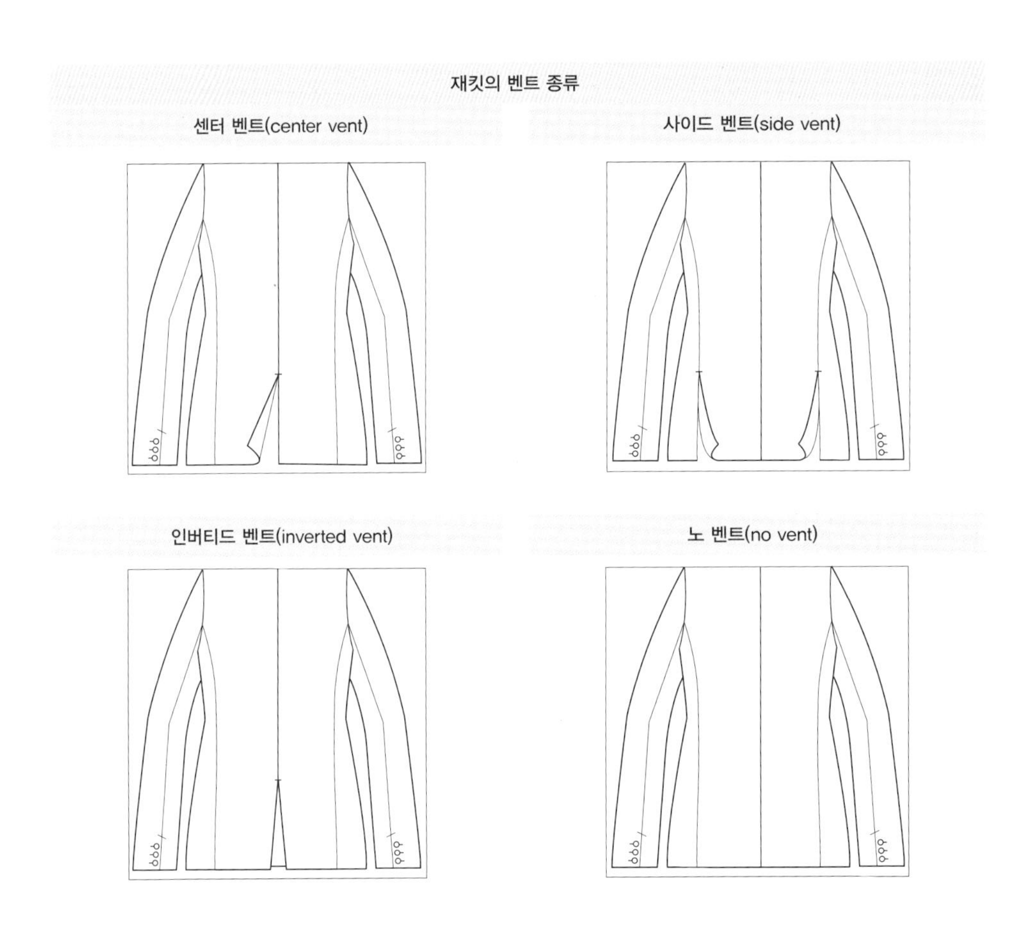

(2) 남성복 슈트의 재킷 스타일

① 브리티시 스타일

브리티시 스타일(British style)은 19세기에 최고급 양복점들이 모여 있는 영국 런던의 '새빌로(Savile Row)' 거리에서 유래된 오랜 전통을 지니는 스타일이다. 남성의 건장한 신체미를 입체적으로 강조한 것이 특징이다. 무거운 소재, 단단한 심지, 어깨 패드를 사용해서 어깨와 가슴을 강조하며, 허리는 잘 맞고 재킷의 길이는 긴 편이다. 팬츠는 허리 위치가 높으며, 경우에 따라 주름이 있다.

② 아메리칸 스타일

아메리칸 스타일(American style)은 1920년경 미국의 대량생산체제 속에서 나타나 1950, 60년대에 비즈니스 계층이 증가하면서 일반화된 스타일이다. 미국 특유의 편안하고 넉넉한 착용감과 기능성을 강조한 것이 특징으로, 다른 두 스타일에 비해 캐주얼한 느낌이 강하다. 재킷은 길고 직선적인 실루엣에 여유가 있으며 다트가 없다. 어깨에는 패드가 없거나 얇은 것이 들어가며 암홀은 넉넉하다. 팬츠 길이와 품도 여유가 있다.

③ 이탈리안 스타일

이탈리안 스타일(Italian style)은 1950년대에 이탈리아에서 유행된 것으로, 전체적으로 몸에 밀착되는 깔끔한 라인에 이탈리아의 소프트하고 가벼운 소재를 사용하여 슬림하고 스타일리시한 멋을 표현한 것이 특징이다. 재킷은 가능한 한 어깨 패드나 심지를

남성복 슈트의 재킷 스타일

브리티시 스타일

- 입체적, 어깨, 가슴, 허리 강조
- 좁은 폭의 라펠
- 대개 플랩 포켓, 체인지 포켓
- 사이드 벤트

아메리칸 스타일

- 직선적, 넉넉함, 다트 없음
- 싱글 여밈
- 플랩 포켓
- 센터 벤트

이탈리안 스타일

- 소프트, 짧고 슬림함
- 넓은 폭의 라펠
- 패치 포켓 혹은 플랩 없음
- 노 벤트

쓰지 않는다. 재킷의 길이가 짧고 타이트하기 때문에 딱 맞는 팬츠의 엉덩이 부분이 드러나며, 팬츠의 길이도 짧고 좁다.

(3) 디자인에 의한 분류

블레이저(blazer)

교복이나 스포츠용으로 편안함을 강조한 재킷. 품이 넉넉하며, 금속 버튼, 와펜(wappen), 패치 포켓 등이 장식으로 들어감

턱시도 재킷(tuxedo jacket)

밤에 입는 약식 정장용 재킷. 싱글 여밈에 숄 칼라, 단추는 일반적으로 한 개가 달림

노포크 재킷(Norfolk jacket)

영국의 노포크 공작의 이름에서 유래. 수렵용 스포츠 재킷의 일종으로 양어깨에서 포켓에 걸친 수직 패널과 허리 벨트가 특징임

슈팅 재킷(shooting jacket)

사냥할 때 착용하는 재킷. 수납을 위한 플랩 포켓, 어깨나 가슴부위에 부착한 스웨이드나 가죽 소재의 패치(patch)가 특징임

샤넬 재킷(Chanel jacket)

디자이너 샤넬이 디자인한 짧은 길이의 재킷. 엘레강트 타입의 대표 아이템. 박스 실루엣, 칼라 없는 라운드 네크라인, 트리밍 장식, 대칭형 포켓 등이 특징임

볼레로(bolero)

스페인의 민속복식에서 유래. 길이가 허리 정도이거나 더 짧은 경우도 있음

페플럼 재킷(peplum jacket)

허리에 절개선을 넣고 그 아래에 플레어나 주름 잡은 천을 단 엘레강트 타입의 재킷

카디건 재킷(cardigan jacket)

여유 있게 걸치듯 입는 긴 길이의 재킷. 칼라 없는 라인드넥이나 깊게 파인 V넥이어서 스카프와 함께 착용함

네루 재킷(Nehru jacket)

인도의 네루 수상이 즐겨 입던 스탠딩(standing) 칼라가 달린 재킷

사파리 재킷(safari jacket)

사파리란 아프리카 지역의 수렵과 탐험 여행을 의미. 싱글 여밈, 상하좌우에 달린 플랩이 있는 패치 포켓, 허리 벨트가 특징임

럼버 재킷(lumber jacket)

미국과 캐나다에서 벌목하는 인부들이 입었던 울 소재의 재킷에서 유래. 커다란 격자무늬가 특징임

진 재킷(jean jacket)

데님 소재로 만든 재킷. 플랩이 있는 포켓, 스티치 장식 등이 특징임. 트러커(trucker) 재킷이라고도 함

밀리터리 재킷, 바이커 재킷, 모터사이클 재킷

A-2 플라이트 재킷 (A-2 flight jacket)

플라이트 재킷은 비행용 재킷이란 의미. A-2 재킷은 1931년에 채용된 미국 육군 항공대의 가죽 재킷으로, 겉은 말가죽, 안은 재생 실크를 사용함

B-3 보머 재킷 (B-3 bomber jacket)

보머 재킷은 폭격수가 입었던 짧은 길이의 재킷을 의미. B-3 재킷은 1943년에 채용된 것으로 겉은 소가죽, 안은 양가죽으로 이루어져 두껍고 내구성이 뛰어남

MA-1 플라이트 재킷 (MA-1 flight jacket)

1952~1978년까지 오랜 기간 동안 사용된 플라이트 재킷의 대표 모델. 기능적인 디테일, 겉감은 그린, 안감은 오렌지의 대비 색상을 사용한 것이 특징임

N-3 유틸리티 재킷 (N-3 utility jacket)

유틸리티 재킷은 다양한 환경에 대응한 실용적인 재킷을 의미. N-3 재킷은 1940년대에 미국 해군이 온대, 열대, 극한 지역의 근무자를 위해 개발한 재킷으로 예시 그림은 극한 지역을 위한 것임

바이커 재킷 (biker jacket)

바이커 재킷은 1950년대 하위문화에서 비롯된 재킷으로 라이더 재킷, 모터사이클 재킷과 혼용됨. 소재에 따라 가죽과 천으로 구분하는데, 예시 그림은 비대칭으로 장식한 지퍼, 허리 벨트, 플랩 포켓 등이 특징인 가죽 소재의 바이커 재킷

모터사이클 재킷 (motorcycle jacket)

모터사이클의 빠른 속력에 대비해 메시(mesh)와 내마모성 직물로 만든 재킷

아웃도어 점퍼

아노락(anorak)

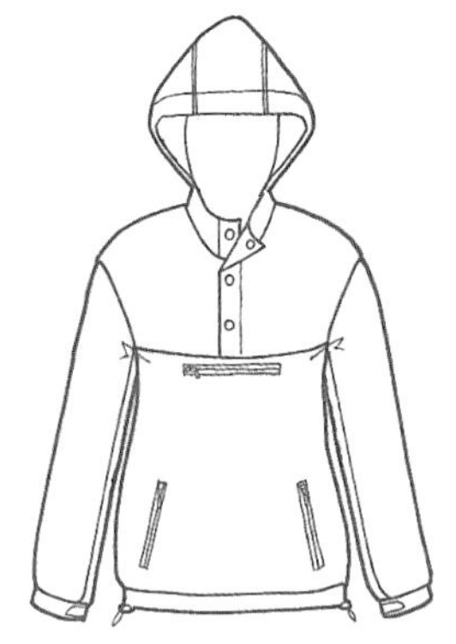

스타디움 점퍼(stadium jumper)

패딩 점퍼(padding jumper)

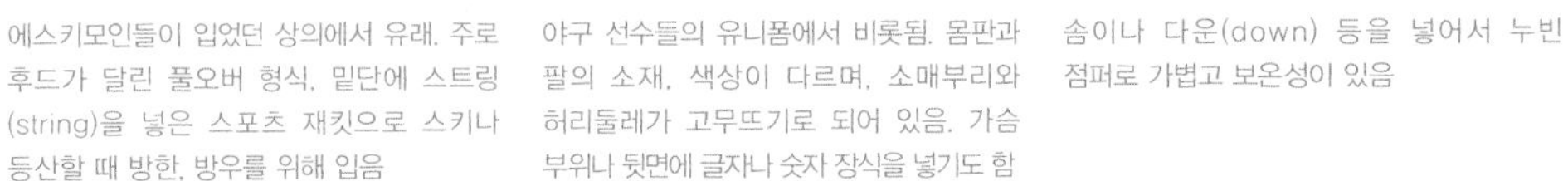

에스키모인들이 입었던 상의에서 유래. 주로 후드가 달린 풀오버 형식. 밑단에 스트링(string)을 넣은 스포츠 재킷으로 스키나 등산할 때 방한, 방우를 위해 입음

야구 선수들의 유니폼에서 비롯됨. 몸판과 팔의 소재, 색상이 다르며, 소매부리와 허리둘레가 고무뜨기로 되어 있음. 가슴 부위나 뒷면에 글자나 숫자 장식을 넣기도 함

솜이나 다운(down) 등을 넣어서 누빈 점퍼로 가볍고 보온성이 있음

윈드 브레이커(wind breaker)

골프나 등산 시 겉옷 위에 바람막이용으로 덧입는 점퍼. 휴대하기 편리하도록 가벼운 소재로 만듦

마운틴 파카(mountain parka)

방수 가공된 두꺼운 나일론 소재를 사용한 등산용 재킷을 가리킴. 포켓이 많으며 가볍고 보온성이 있음

6) 코트

코트(coat)는 의복 중 가장 바깥에 입는 것으로 실외에서 착용한다. 방한, 방풍, 방수 등 착용 목적에 따라 오버 코트, 레인 코트 등으로 분류되며, 길이에 따라 롱 코트, 하프 코트, 토퍼(topper) 등으로 불린다. 실루엣에 따라 프린세스(princess) 코트, 박스(box) 코트 등이 있으며, 사용된 소재에 따라 다운(down) 코트, 구스(goose) 코트, 모

피(fur) 코트 등으로 불린다. 최근 지구온난화와 환경오염 등으로 우리의 생활환경이 변화함에 따라 다양한 기능성을 지닌 코트가 필요하게 되었다.

(1) 디테일 명칭

트렌치 코트(trench coat)

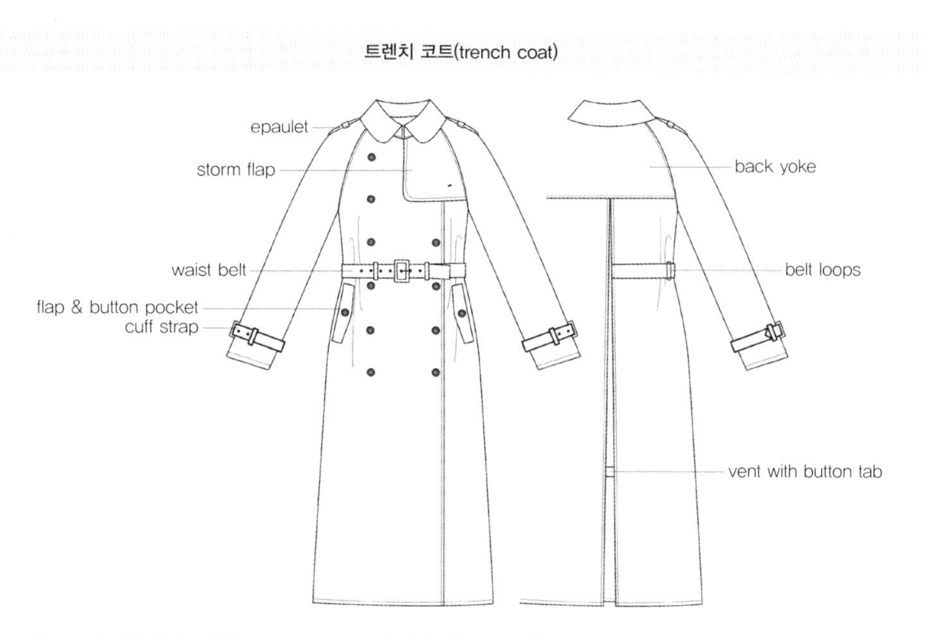

제1차 세계대전 중 영국 육군이 참호(trench) 속에서 입기 위해 개발한 데서 유래함. 소재는 방수 면 개버딘이며, 기능적인 디테일이 특징임

더플 코트(duffle coat)

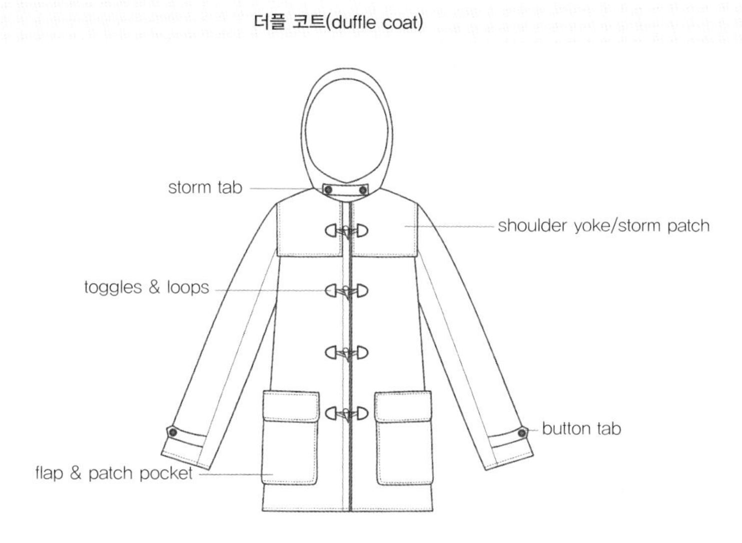

후드, 나무로 만든 토글 버튼, 삼(杉)으로 만든 루프가 특징인 두꺼운 울 소재의 코트. 원래 노동자의 작업용이었으나 제2차 세계대전 중 영국 해군이 채용하면서 일반화됨

(2) 디자인에 의한 분류

발마칸 코트(balmacaan coat)

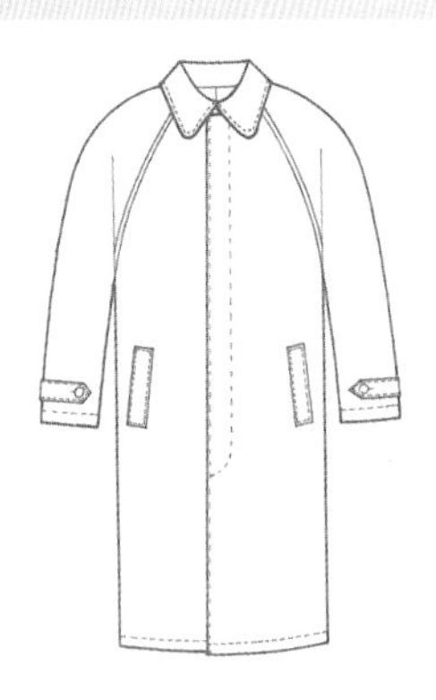

남성들이 양복 위에 흔히 입는 고전적이며 여유 있는 코트. 레글런 슬리브와 컨버터블(convertible) 칼라가 달려 있음

체스터필드 코트(Chesterfield coat)

18세기 영국의 체스터필드 백작이 입었던 데에서 유래. 칼라를 다른 소재로 한 코트로 허리가 약간 들어간 형태가 많음

프린세스 코트(princess coat)

어깨선부터 스커트 밑단까지 프린세스 라인이 들어간 코트. 허리가 꼭 맞고 그 아래는 퍼지는 형태임

랩 코트(wrap coat)

앞 중심에 단추가 없어서 같은 소재의 벨트로 묶어서 여미는 코트

피 코트(pea coat)

선원이 방한을 위해 착용했던 테일러드 스타일의 코트. 네이비 컬러의 짧은 기장이며, 풍향에 따라 여밈을 바꿀 수 있도록 되어 있음

케이프 코트(cape coat)

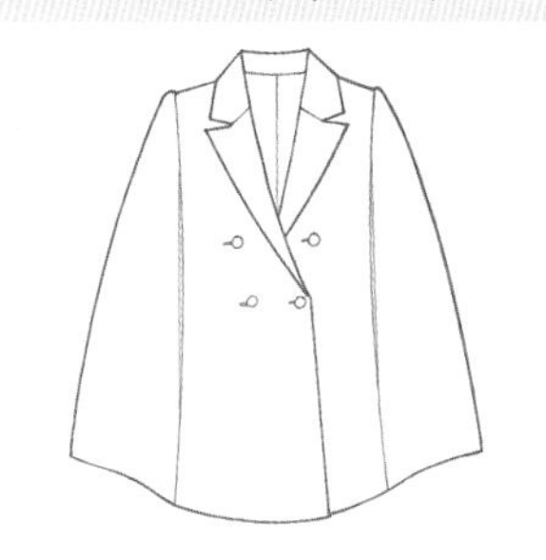

소매 없이 어깨, 몸통, 등을 덮는 형태의 코트. 코트의 어깨 부위에 짧은 케이프가 달려서 떼었다가 붙였다 하는 형태도 있음

7) 원피스

원피스(one-pice)는 여성과 여아들을 위한 스커트와 상의가 하나로 된 의복을 가리킨다. 격식이 있는 정장이라는 의미로 원피스 드레스라고도 한다. 여성복 중 여성스러움을 가장 잘 표현해 주는 아이템으로 그 종류는 다양하다. 먼저 엠파이어(empire) 드레스, 로 웨이스트(low waist) 드레스, 시스(sheath) 드레스[4], 슈미즈(chemise) 드레스

4 날씬하게 꼭 맞는 스트레이트 드레스로 신체의 선이 잘 드러남

[5]와 같이 실루엣으로 분류되며, 플라이 프런트(fly front) 드레스, 셔츠 드레스와 같이 디테일에 따라 분류되기도 한다. 또한 포멀 드레스, 홈 드레스, 리조트 드레스와 같이 T.P.O에 따라 구분된다. 코디네이션을 중시하는 경향이 두드러지면서 원피스 역시 한 벌 개념 보다는 다른 아이템과 조화시켜 입을 수 있는 감각이 중요하게 되었다.

엠파이어 드레스 (empire dress)

하이 웨이스트이며 가늘고 긴 엠파이어 실루엣의 드레스

로 웨이스트 드레스 (low waist dress)

허리선을 아래로 내린 드레스로, 1920년대와 1960년대에 유행했음

플라이 프런트 드레스 (fly front dress)

앞여밈선에 길고 가는 천을 수직으로 덧대어 단추가 안 보이도록 한 드레스

셔츠 드레스(shirts dress)

셔츠를 길게 늘인 것 같은 형태의 원피스. 셔츠 칼라, 커프스, 가슴 포켓 등이 디테일로 들어감

스목 드레스(smock dress)

블라우스를 풍성하고 길게 늘인 것 같은 귀엽고 여성스러운 원피스. 개더, 턱, 스모킹 등의 장식이 들어감

슬립 드레스(slip dress)

속옷의 슬립과 같은 디자인의 원피스로, 다른 아이템과 코디네이션해서 입는 경우가 많음

---

5 속옷의 슈미즈(chemise)와 같이 허리를 조이지 않고 여유 있는 직선형의 원피스

8) 이너웨어

이너(inner)란 아우터(outer)에 반대되는 말로, 겉옷 안에 입는 옷, 즉 속옷을 총칭한다. 원래 이너웨어는 위생이나 겉옷을 보조해 주는 기능을 갖고 있었으나, 디자인이 중요하게 되면서 '속옷의 겉옷화' 현상이 진행되어 왔다. 이너웨어를 착용목적으로 분류하면 신체의 선을 아름답게 보정해 주는 '파운데이션(foundation)', 겉옷을 쉽게 입고 벗을 수 있도록 해주며 실루엣을 아름답게 표현해 주는 '란제리(lingerie)', 땀을 흡수하고 보온의 역할을 하는 실용적인 '언더웨어(under wear)'가 있다.

(1) 파운데이션

6 옥스퍼드 사전에 의하면 여성의 드레스나 스커트 안에 입는 속옷을 가리킴. 특히 실루엣을 표현하기 위해 스커트 안에 입는 속옷을 지칭하는데, 19세기와 1950년대에는 부풀린 실루엣을 위해 착용됨

(3) 언더웨어

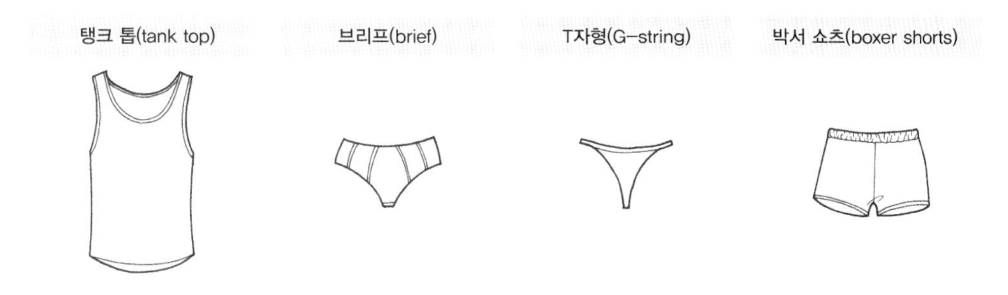

9) 모자

머리에 쓰는 것의 총칭이다. 모자는 크라운(crown)과 테(brim)로 구성되며, 크게 테가 있는 해트(hat)와 테가 없는 캡(cap)으로 분류된다.

10) 가방

가방은 어떤 용도로 사용하느냐에 따라 정장용, 등교용, 비즈니스용, 리조트용, 스포츠용 등으로 나뉘며, 사용하는 소재 및 장식도 달라진다. 또한 가방을 손으로 드는지, 어깨에 메는지에 따라 구분되기도 하는데, 손으로 드는 가방은 토트 백(tote bag)이라 하며, 보스턴 백, 쇼핑 백[7] 등이 포함된다. 한쪽 어깨에 메는 가방은 숄더 백(shoulder

7 사각형의 종이 쇼핑백과 비슷한 모양을 갖기 때문에 붙여진 이름

bag)이라 하는데 호보(hobo) 백[8], 크로스(cross) 백, 바게트(baguette) 백[9], 메신저(messenger) 백[10] 등이 포함된다. 그 외에도 옆구리에 끼거나 손에 들고 다니는 가방은 클러치(clutch) 백이라 하고, 양쪽 어깨에 메는 가방은 백 팩(back pack)이라 한다.

11) 신발

신발은 흔히 구두 굽의 높이와 발등 모양에 따라 구분한다. 발등 부분이 덮여 있는 단화 스타일을 옥스퍼드 슈즈(Oxford shoes)라 하는데 끈으로 묶거나 태슬(tassel) 장식을 한 것 등 다양하다. 굽이 있고 발등이 노출된 스타일은 펌프스(pumps)라 하는데, 3cm 이하이면 로 힐, 7cm 이상의 것은 하이 힐로 구분한다. 구두가 발목의 복사뼈보다 위로 올라오면 부츠(boots), 밑창이 고무로 만들어진 것은 스니커(sneakers)라고 한다. 그 외에도 쐐기 모양의 밑창이 달린 웨지 힐(wedge heel)과 샌들(sandle) 등이 있다.

---

8 여유 있고 처지는 실루엣이 특징인 자루 모양의 백. 소프트한 소재로 만듦

9 프랑스 여성들이 바게트 빵을 옆에 끼고 다니는데서 유래. 간단하게 어깨에 메고 다닐 수 있는 납작하고 작은 백

10 우편배달부 가방에서 유래. 사이즈가 크고 사선으로 멜 수 있게 만든 백

12) 남성 액세서리

최근에는 액세서리에 있어서도 남녀 구분이 거의 없어졌으나, 대표적인 남성용 액세서리로는 넥타이가 있다. 넥타이는 긴 형태의 포 인 핸드 타이(four-in-hand tie)가 가장 일반적이며, 문양에 따라 다양하게 구분된다. 그 외에도 보 타이(bow tie), 에스콧 타이(ascot tie) 등이 있으며, 다양한 넥타이 장식들도 있다.

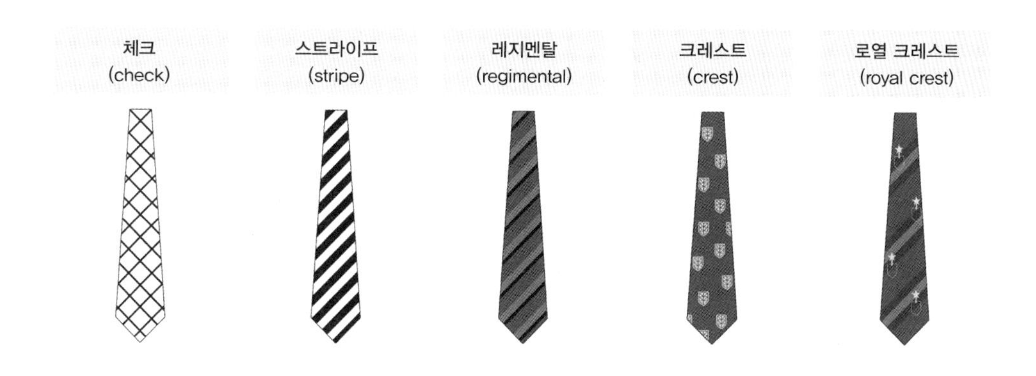

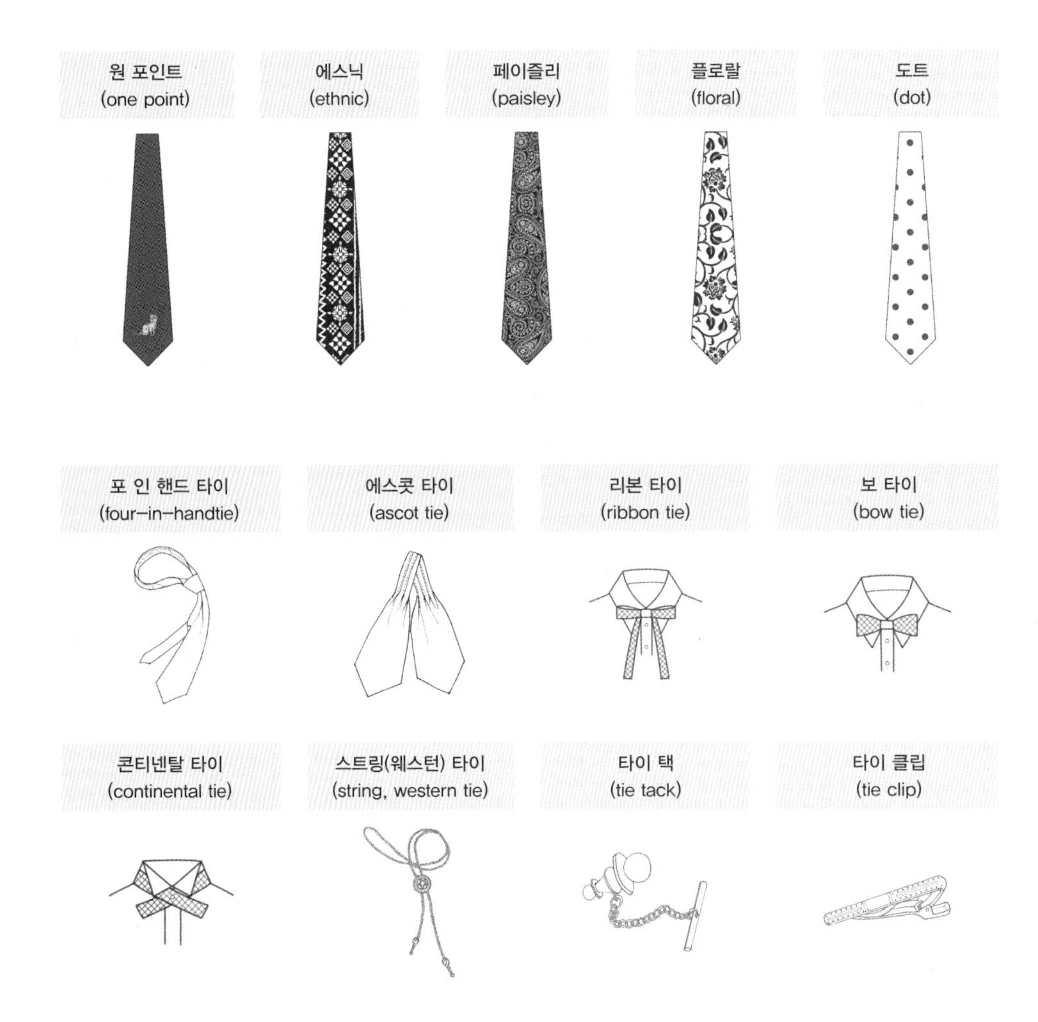
원 포인트
(one point)
에스닉
(ethnic)
페이즐리
(paisley)
플로랄
(floral)
도트
(dot)
포 인 핸드 타이
(four-in-handtie)
에스콧 타이
(ascot tie)
리본 타이
(ribbon tie)
보 타이
(bow tie)
콘티넨탈 타이
(continental tie)
스트링(웨스턴) 타이
(string, western tie)
타이 택
(tie tack)
타이 클립
(tie clip)

PRACTICE 1

다음 순서에 따라 특정 패션 아이템의 디자인을 분류하고 그 특징을 분석해 보자.

1. 패션 아이템들 중 하나를 선택한다.
2. 패션 컬렉션에서 선택한 패션 아이템의 디자인 사례들을 수집한다.
3. 분류 기준에 따라 수집한 디자인들을 분류한다.
   분류기준의 예
   soft ↔ hard, cool ↔ warm, decorative ↔ simple, mannish ↔ feminine, formal ↔ casual 등
4. 각 영역별로 공통된 디자인 특징(실루엣, 디테일, 색채, 소재 등)은 무엇인지 적어 보자.

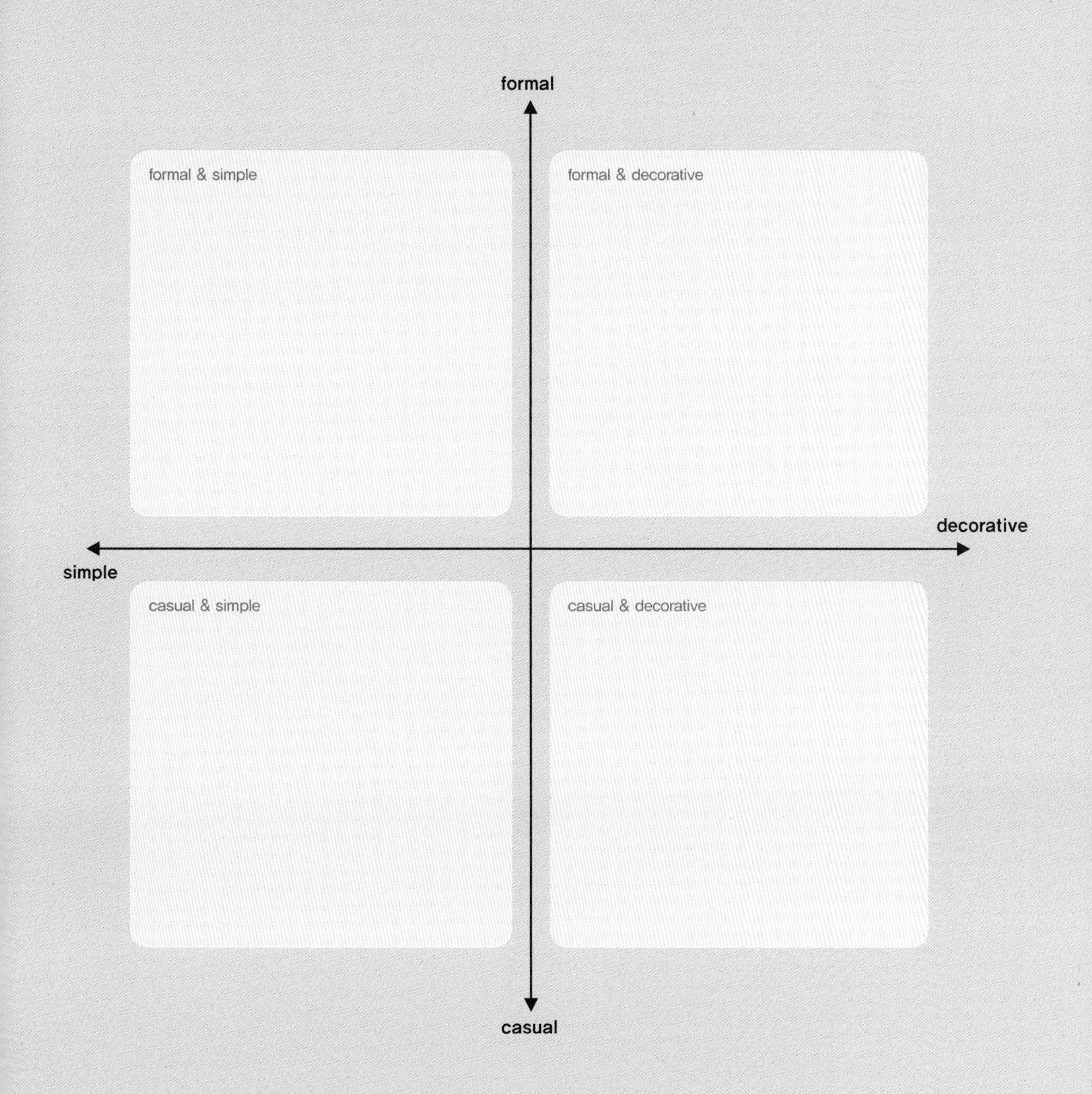

2. 도식화

1) 도식화의 개념

도식화(圖式畵, flat work, flat illustration, spec work)란 옷을 객관적으로 설명하는 그림으로, 옷의 설계도라 할 수 있다. 패션 일러스트레이션이 인체에 옷을 입혀서 전체적인 이미지를 전달하기 위한 것이라면, 도식화는 누구나 디자인을 이해할 수 있도록 옷의 구조와 형태를 자세하게 표현하는 것을 목적으로 한다. 따라서 패션 산업 실무에서 도식화는 디자이너, 패턴사, 재봉사 및 패션 관련자들 간의 의사소통 수단의 역할을 한다.

옷을 정확하게 표현하기 위해서는 슈트나 드레스처럼 입체적인 디자인은 옷을 드레스 폼(dress form)에 입히거나 옷걸이에 건 상태로 도식화를 그린다. 이에 비해 티셔츠와 같이 평면적인 디자인은 바닥에 펼쳐 놓은 상태로 그린다. 최근 신사복, 스포츠웨어, 유니폼 분야에서는 대부분 CAD나 일러스트 컴퓨터 프로그램을 사용하여 도식화를 그린다. 이 방법은 쉽게 저장해서 데이터로 쓸 수 있으며 변형 가능하다는 장점이 있다. 이에 비해 손으로 그리는 방법은 언제 어디서나 쉽게 그릴 수 있으며, 섬세한 부분까지 표현할 수 있다는 장점이 있다.

도식화는 그림 1과 같이 8등신의 인체를 기준으로 하여, 팔을 내리고 다리를 약간 벌리고 서 있는 자세로 표현한다. 옷은 실루엣, 디테일, 기타 장식의 순으로 완성해 가며, 그리는 사람이 볼 때 왼쪽과 오른쪽을 번갈아서 그리면 좌우대칭을 쉽게 맞출 수 있다. 어깨가 좁아지거나 허리선이 올라가는 등 유행에 따라 인체의 비율은 변화한다. 도식화를 그릴 때에는 그 변화를 반영하는 것도 중요하다.

도식화 그릴 때의 주요 포인트

- 실루엣은 기본 신체부위선의 높이와 폭을 정확하게 표현한다.
  기본 신체부위선 : 어깨선, 가슴선, 허리선, 엉덩이선, 무릎선, 발목선
- 디테일은 전체 실루엣과의 조화, 비율을 참고해서 위치와 크기를 정한다.
- 앞중심선(C.F)을 기준으로 좌우대칭 여부를 확실하게 표현한다.
- 대칭인 경우, 홑여밈의 단추는 앞중심선 위에 놓이며, 모든 선과 장식 역시 앞중심선에서 같은 거리에 위치한다.
- 옷의 다양한 선들 중, 구성선은 반드시 있어야 하는 선이다.
- 움직임으로 인한 주름은 생략한다.
- 부족한 내용은 별도의 설명이나 그림을 첨가한다.
  (봉제방법, 주름의 수 등)
- 선의 굵기를 구분하면 입체적으로 표현할 수 있다.
  a : 실루엣선(진하고 두껍게)
  b : 디테일 등 내부선(가늘게)
  c : 스티치 등 장식선(아주 가늘게)

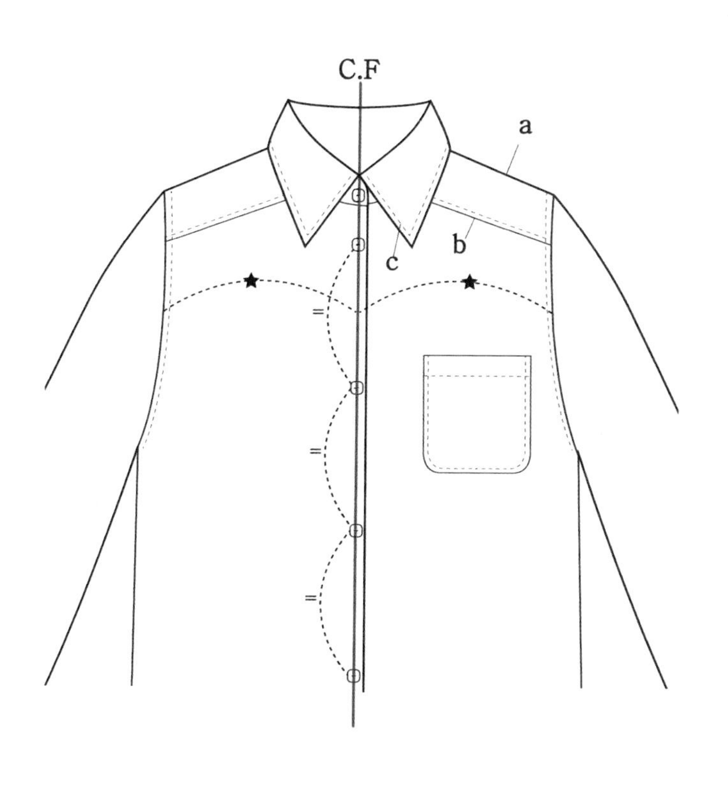

2) 아이템별 도식화 그리는 방법 및 순서

(1) 스커트

도식화 예시

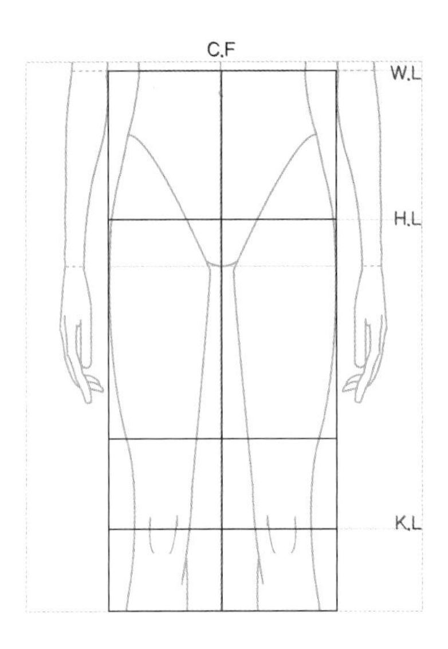

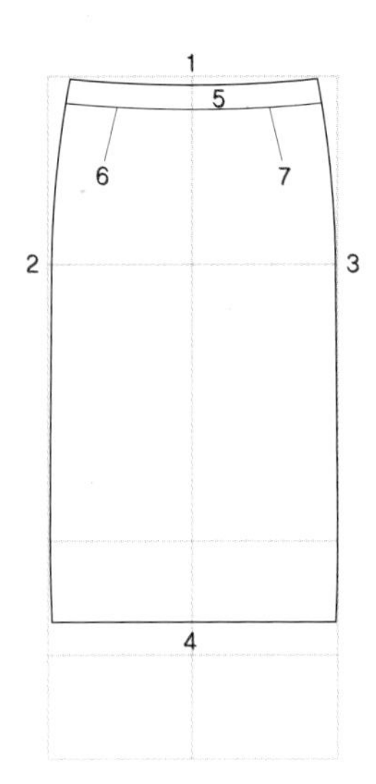

그리는 순서 및 주의사항

기준선 앞중심선, 허리선, 엉덩이선, 무릎선(길이에 따라 발목선)

1. 실루엣을 나타내는 각 선들의 높이와 폭을 생각하면서 정확한 위치를 잡는다.
2. 위 그림의 번호 순서대로 실루엣을 그린다.
3. 스커트 밑단의 양 옆은 직각이 되도록 한다.
4. 허리 밴드, 다트, 턱, 포켓, 슬릿, 주름 등 내부 장식들을 그린다.
5. 스티치 등 기타 장식을 묘사하면서 완성한다.
6. 마지막으로 좌우대칭 여부를 확인한다.

(2) 팬츠

도식화 예시

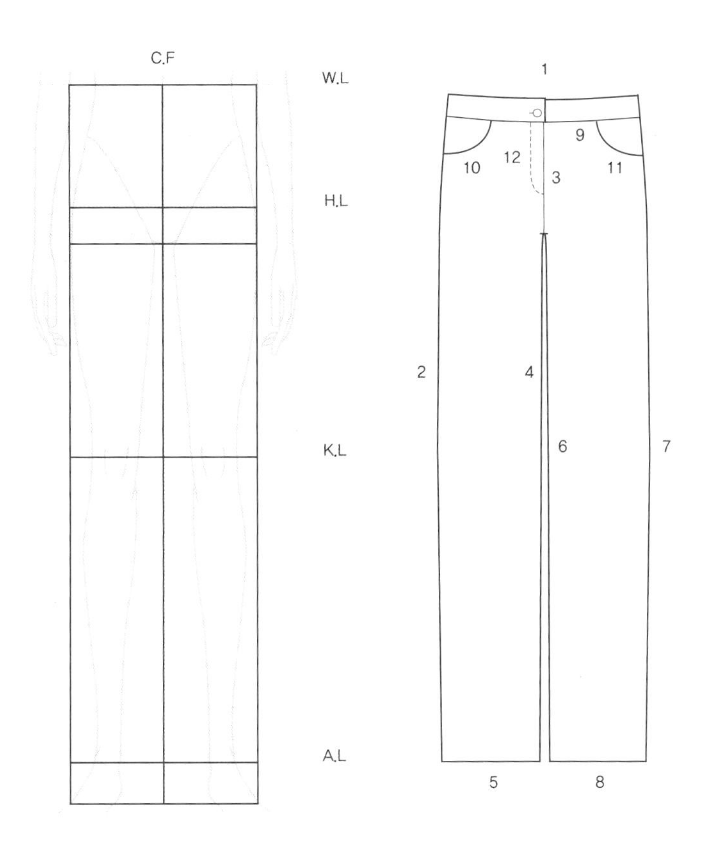

그리는 순서 및 주의사항

기준선 앞중심선, 허리선, 엉덩이선, 무릎선(길이에 따라 발목선)

1. 실루엣을 나타내는 각 선들의 높이와 폭을 생각하면서 정확한 위치를 잡는다.
2. 위 그림의 번호 순서대로 실루엣을 그린다.
3. 허리 밴드, 다트, 턱, 포켓, 슬릿, 주름 등 내부 장식들을 그린다.
4. 스티치 등 기타 장식을 묘사하면서 완성한다.
5. 마지막으로 좌우대칭 여부를 확인한다.

(3) 셔츠, 블라우스, 원피스

도식화 예시

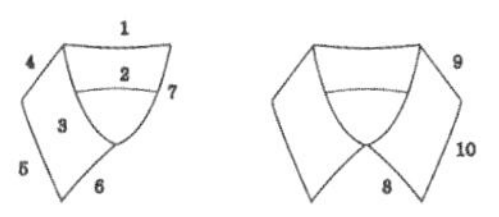

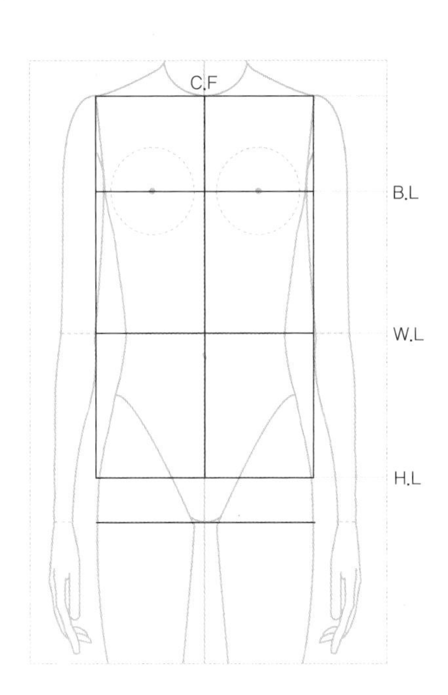

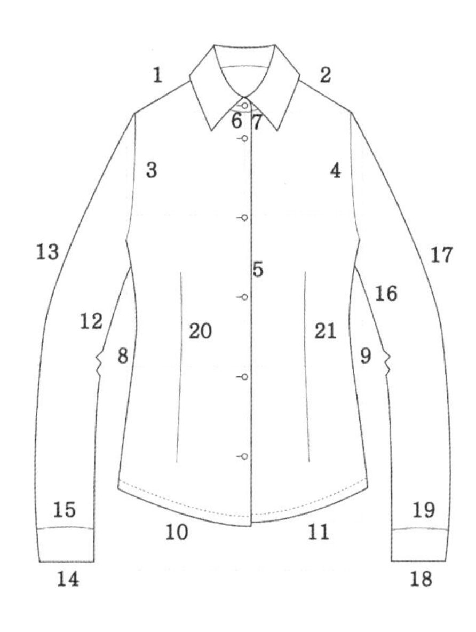

그리는 순서 및 주의사항

기준선 앞중심선, 어깨선, 가슴선, 허리선, 엉덩이선(길이에 따라 무릎선, 발목선)

1. 목의 뒤점과 앞점을 기준으로 하여 칼라의 높이와 겹치는 지점을 정한다.
2. 칼라는 앞중심선에서 서로 대칭이 되도록 한다.
3. 전체적인 여유분과 길이를 표시한 후 위 그림의 번호 순서대로 실루엣을 그린다.
4. 앞중심선을 중심으로 여밈의 깊이를 확인한 후 앞여밈선을 그린다.
5. 단추는 첫 번째와 맨 밑의 위치를 먼저 표시한 후 단추의 총 개수만큼 등분해서 그린다.
6. 소매의 외형선을 그린 후 커프스를 그려 넣는다.
7. 다트, 포켓 등 내부 장식들을 그린다.
8. 스티치 등 기타 장식을 묘사하면서 완성한다.
9. 마지막으로 좌우대칭 여부를 확인한다.

* 원피스는 셔츠나 블라우스를 길게 그린다는 느낌으로 그리는데, 어깨를 약간 좁게 한다. 다른 아이템에 비해 길고 면적도 큰 만큼, 전체적인 비율에 더욱 주의한다.

(4) 재킷, 코트

도식화 예시

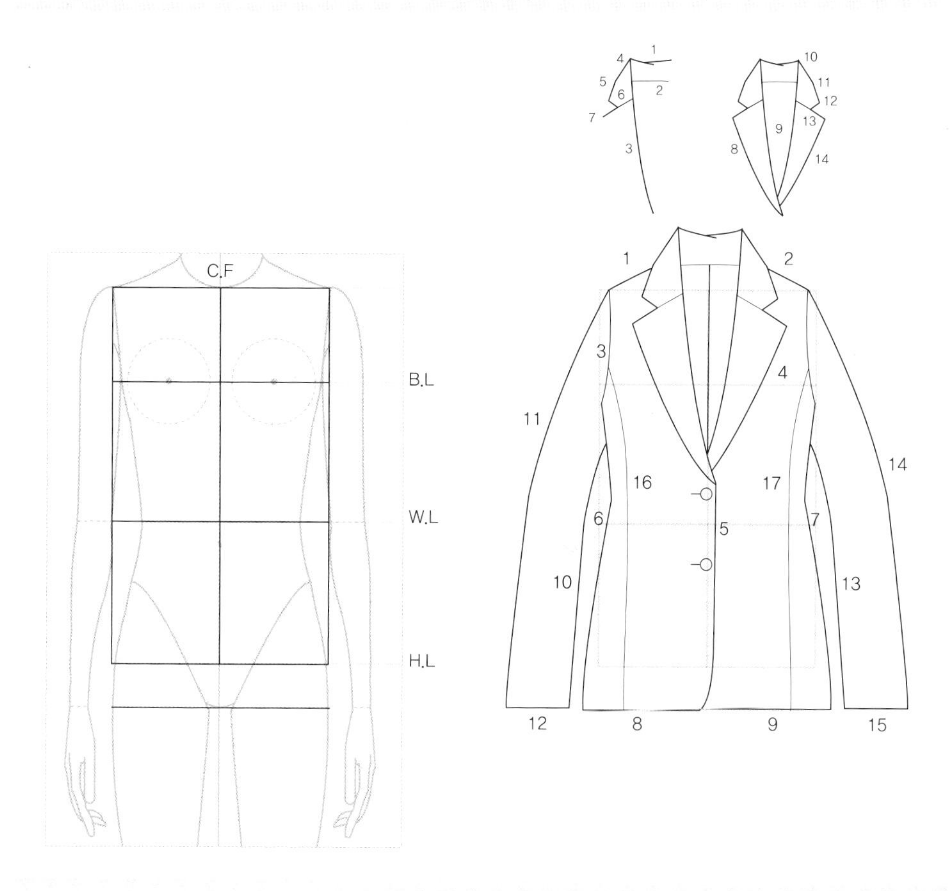

그리는 순서 및 주의사항

기준선 앞중심선, 어깨선, 가슴선, 허리선, 엉덩이선(길이에 따라 무릎선, 발목선)

1. 목의 뒤점과 앞점을 기준으로 하여 칼라의 높이와 겹치는 지점을 정한다.
2. 칼라의 모양과 라펠의 크기에 유의하면서 서로 대칭이 되도록 그린다.
3. 전체적인 여유분과 길이를 표시한 후 위 그림의 번호 순서대로 그린다. 이때 어깨 폭과 패드 높이를 정확하게 파악한다. 재킷의 어깨와 암홀은 셔츠보다 약간 크게 그린다.
4. 앞여밈선을 그린다. 단추는 홑여밈의 경우 앞중심선 위에 위치하며, 겹여밈의 경우 앞중심선을 중심으로 같은 위치에 놓인다.
5. 소매는 셔츠보다 소매통을 약간 넓게 그린다.
6. 다트, 포켓, 벤트 등 내부 장식들을 그린다.
7. 스티치 등 기타 장식을 묘사하면서 완성한다.
8. 마지막으로 좌우대칭 여부를 확인한다.

* 코트는 재킷을 길게 그린다는 느낌으로 그리는데, 재킷보다 모든 부분에서 약간씩 크게 그린다.

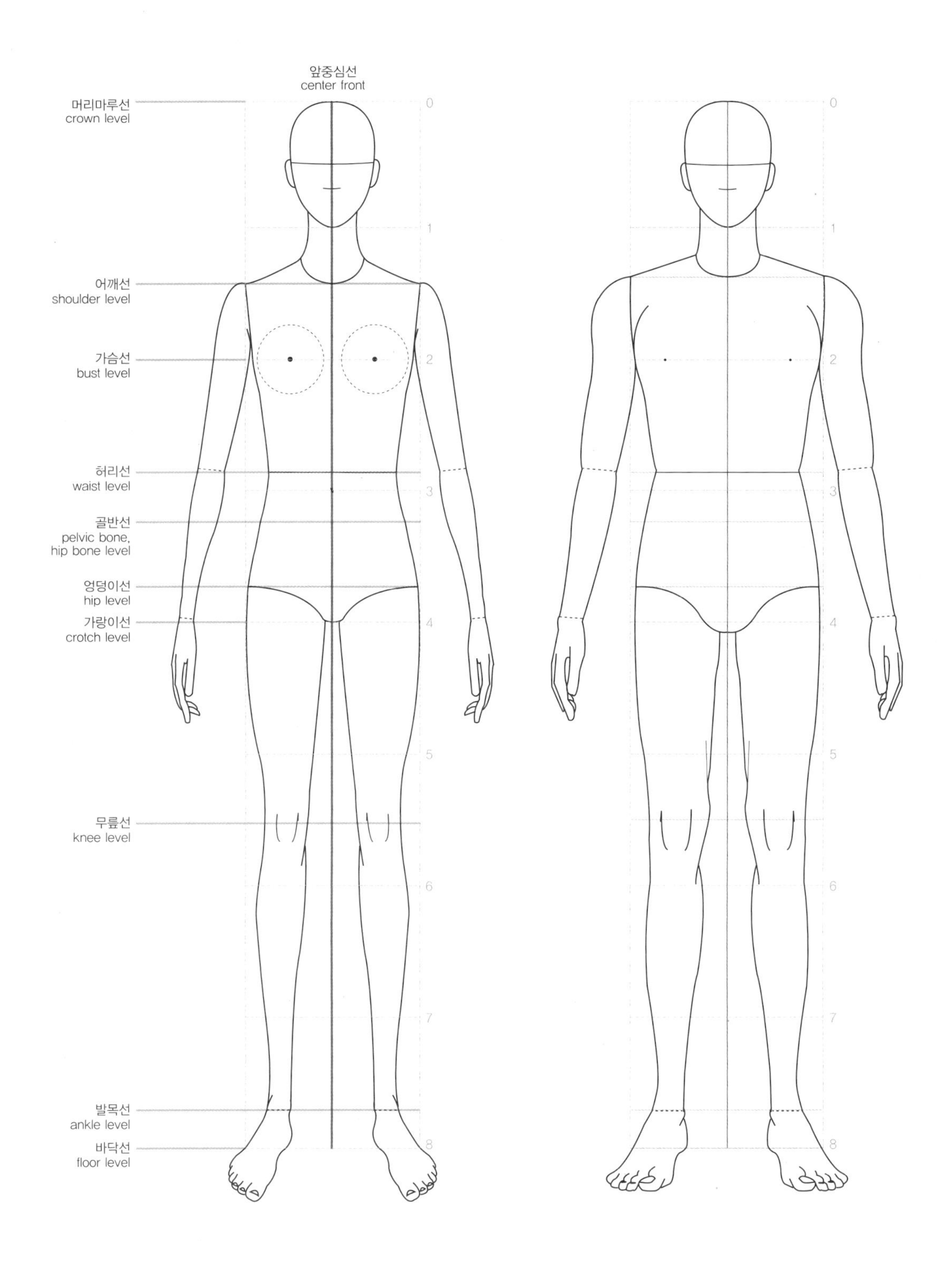

그림 1 **남녀 인체 모형 및 기준선**

PRACTICE 2

옷장 속에 있는 옷들을 꺼낸 후 다음의 사항을 고려하면서 도식화를 그려보자. 그 후 동일한 어깨선, 허리선, 엉덩이선, 무릎선 위에 나열해 보고 각 아이템들의 실루엣과 디테일의 크기, 길이 등을 서로 비교해 보자.

고려사항

- 어깨선, 허리선, 엉덩이선 등을 기준으로 어떻게 밀착되고 확대되는가?
- 실루엣 표현을 위해 구성상 어떤 기법이 사용되었는가?
- 어떠한 디테일들이 있으며 전체 속에서 어떤 비율을 차지하고 있는가?

03

FASHION DESIGN INSPIRATION

패션 디자인 발상

유행의 흐름이 빠르고 독창적인 아이디어가 중시되는 패션 디자인 분야에서 디자인 아이디어의 발상은 그 무엇보다 중요하다. 본 장에서는 패션 디자인 발상을 위한 과정과 디자인 아이디어를 키우는 방법 등을 살펴보고, 패션디자인 발상의 다양한 아이디어 소스를 살펴본다. 또한 형태분석법, 체크리스트법, 마인드맵 기법을 중심으로 패션 디자인 발상법을 알아보고, 디자인 발상법을 적용한 디자인 사례 등을 찾아본다. 다양한 디자인 소스와 발상법을 활용하여 창의적인 디자인 기획을 실시해 보자.

1. 패션 디자인 발상의 개요

1) 패션 디자인 발상의 개념과 특징

패션 디자인 발상은 패션 제품이나 작품의 제작을 위해 디자인의 아이디어를 내는 것을 말한다. 아이디어 발상은 문제를 해결하거나 디자인 창작을 하는 데 있어 시작점이 된다. 발상(發想)의 사전적 의미는 '어떤 새로운 생각을 해 냄, 또는 그 생각'으로, 착상, 고안, 아이디어 등이 비슷한 의미로 사용된다. 디자이너의 관점에서 주위를 둘러보면 디자인 발상을 위한 영감의 요소는 어느 곳에나 존재하는 것을 알게 된다.

패션 디자인에 있어 창의적 발상은 무엇보다 중요하다. 창의적인 아이디어 발상을 위해서는 선입견이나 편견, 관행과 같이 무의식적으로 사고의 확장을 막는 요소를 제거하는 것이 필요하다. 디자이너의 자유로운 상상력과 경험, 지식 등을 통해 기존 사고의 틀을 해체하고 새로운 아이디어를 끌어내거나 아이디어를 조합, 변형하면서 새롭게 재구성하는 작업이 이루어져야 한다. 그렇다고 패션 디자인에 있어 독창성만 중시되는 것은 아니다. 패션 제품은 창의적인 아이디어가 중요하지만 착용을 전제로 한 제품이기 때문에 실용성이나 사용가치도 함께 고려해야 한다.

2) 패션 디자인 발상의 과정

(1) 정보의 수집

디자인 발상의 첫 단계는 대상에 대한 정보를 수집하는 것이다. 대부분의 경우, 발상은 아무 것도 없는 무(無)에서 유(有)를 창조하는 것이 아니라 유(有)에서 새로운 유(有)를 만들어 내는 것이다. 이를 위해서는 정보를 모으고 그중에서 유의미한 자료를 선별해 내는 과정이 필요하다.

관심 있는 이미지나 인물, 대상 등에 대해 조사하고 관련된 자료들을 수집한다. 구체적인 패션 이미지에서 접근할 수도 있지만 영감이 되는 공간, 소품, 인테리어 등에서 좀 더 포괄적으로 아이디어를 얻거나, 소설이나 영화 속 주인공에서 영감을 받을 수도 있다. 사진 자료뿐 아니라 다양한 영상 자료 등을 통해서도 더욱 생동감 있는 디자인 영감을 찾을 수 있다.

표 1. 패션 디자인 발상의 과정

정보의 수집

정보에 대한 광범위한 수집 단계
- 관심 있는 인물, 대상에 대한 조사
- 텍스트, 사진, 영상 자료 수집
- 미술관, 박물관, 영화, 잡지 등에서 정보 수집

정보의 검토와 분류

정보의 해석, 아이디어의 발전 단계
- 정보에 대한 분류
- 관심 있는 내용이 있다면 추가 조사 실시
- 디자인할 대상의 특징을 명료화

아이디어 구상 및 콘셉트 설정

디자인 아이디어의 구체화 단계
- 디자인 목표 설정
- 콘셉트의 구체화
- 이미지, 색채, 소재, 스타일 맵 작성

디자인 전개

구체적 대상으로 시각화 단계
- 콘셉트에 따른 디자인 전개과정
- 그림이나 실물 작품으로 디자인 표현

디자인 평가 및 검증

최종 점검 단계
- 디자인 아이디어의 타당성 검토
- 디자인의 수정, 보완 후 최종 완성

(2) 정보의 검토와 분류

정보를 수집한 후에는 세심한 분석과 조사를 통하여 정보를 검토하는 과정이 필요하다. 정보의 검토 과정은 정보를 해석하고 아이디어로 발전시킬 수 있도록 해 준다. 관심이 있어 모은 자료들을 비슷한 분위기끼리 분류하고 그 특징을 메모해 가면서 궁극적으로 내가 표현하고 싶은 것이 무엇인지 확실하게 정리해 나가는 단계이다.

(3) 아이디어 구상 및 콘셉트 설정

정보의 수집과 검토를 통해 아이디어가 떠오르는 단계로, 발상에 있어 가장 중요한 단계라 할 수 있다. 아이디어를 구체화하는 과정인데, 이 과정에서는 문제의 핵심이 무엇인지 정확히 파악하고 무엇을 표현하려고 하는가에 대한 목표설정이 중요하다. 다양한 아이디어를 조합하면서 새로운 아이디어가 발생할 수도 있고, 아이디어들을 관통하는 중요한 개념이나 특징을 발견할 수도 있다. 이를 통하여 핵심적인 아이디어를 도출할 수 있다.

이러한 과정을 통해 디자인을 위한 콘셉트를 구체화하게 된다. 표현하고자 하는 콘셉트를 그림이나 사진 등의 시각 자료를 활용하여 콘셉트 맵을 만들고 이미지, 색채, 소재, 스타일 등의 세부 내용을 결정한다. 맵은 표현하는 내용에 따라 콘셉트의 세부 내용을 모두 포괄하여 콘셉트 맵을 작성할 수도 있고, 이미지나 색채, 소재, 스타일 등을 세부적으로 나누어 각각의 맵으로 작성할 수도 있다.

(4) 디자인 전개

콘셉트에 따라 아이디어를 정리, 체계화시켜 디자인을 전개하는 단계이다. 디자인 전개는 직접 손으로 그리는 수작업이나 캐드(CAD) 프로그램을 사용한 디지털 작업 등이 가능하며 실물 의상을 제작할 수도 있다. 디자인 드로잉으로 표현할 경우에는 소재 샘플을 함께 제시하거나 컴퓨터 매핑(mapping)을 통해 시각화하여 표현하는 것이 효과적이다. 실물 의상 제작은 디자인 스케치를 토대로 콘셉트에서 선정한 색채와 소재, 디테일 등을 적용시켜 제작한다.

(5) 디자인 평가 및 검증

아이디어의 타당성을 검증하는 단계로, 발상을 통해 표현하고자 했던 부분이 잘 드러나고 있는지 검토하고, 수정·보완하여 최종 완성하는 단계이다.

3) 패션 디자인 아이디어를 키우는 방법

(1) 다양한 경험

- 축적된 지식이나 경험을 통해 아이디어 얻기

- 경험을 통해 알게 된 지식은 그것 자체가 훌륭한 정보이므로 다양한 경험 쌓기
- 지식과 경험을 끌어내어 현실의 주제에 적용시키는 것이 발상의 과정

(2) 관찰

- 사물에 대해 다양한 관점에서 접근하기
- 명확한 문제의식을 가지고 평소와는 다른 각도에서 대상 바라보기
- 사물을 눈여겨 보기
- 자연의 현상을 있는 그대로 살펴보기
- 사물을 보는 관점과 사고방식을 바꾸는 착상의 전환이 중요

(3) 정보의 수집과 정리

- 흥미를 끄는 대상에 대해 자료를 수집하고 정리하는 습관이 중요
- 스크랩 기능 활용, 폴더에 정리하기
- 자료 정리 시 생각이나 느낌을 함께 기록하기

(4) 아이디어 노트

- 시각적, 감성적 훈련
- 일상의 재미있는 아이디어, 눈길을 끄는 사물을 포착, 촬영하기
- 떠오르는 디자인 아이디어를 자유롭게 기입
- 잡지, 책, 인터넷 등에서 재미있거나 독특한 디자인 아이디어 찾아보기

(5) 공상 트레이닝

- 마음껏 공상하고 꿈 꾸기
- 사물에서 연상되는 새로운 이미지를 찾아보고 디자인에 활용해 보기
- 머릿속에 떠오르는 생각을 글이나 그림으로 옮겨 보기

(6) 분위기 전환

- 새로운 길로 가거나, 일하는 순서를 바꾸는 식으로 일상의 습관에서 벗어나 새롭게 시도하기
- 새로운 곳으로 여행가기
- 주변의 인테리어나 가구의 배치 등을 바꿔보기

2. 패션 디자인 발상의 아이디어 소스

패션 디자인 발상의 아이디어는 무궁무진하다. 디자인 발상의 아이디어를 흔히 영감이라고 하는데, 디자인의 영감은 구체적인 대상이나 인물에서 얻을 수도 있고 무형의 관념이나 개념에서도 얻을 수 있다. 다양한 영감의 요소 중에서 내가 표현하고자 하는 바를 잘 보여줄 수 있는 아이디어 소스를 찾는 작업이 중요하다.

1) 시간

패션 디자인 발상에 있어 과거로의 시간 여행은 매우 풍요로운 영감을 준다. 역사복식에서 영감받은 디자인을 즐겨 발표하는 디자이너 비비안 웨스트우드(Vivienne Westwood)는 "미래를 아는 것은 불가능하지만 과거에 일어난 일은 알 수 있다. 과거에는 나의 창조성을 자극하는 일들로 가득하다"라고 하였다. 역사복식은 그 시대의 가치관과 미적 감수성이 반영된 것으로 복식사에 나타난 다양한 스타일은 훌륭한 디자인 테마가 될 수 있으며 현대 패션에서 새롭게 재해석할 요소가 매우 많다.

(1) 20세기 이전 복식의 응용

과거의 역사 복식에서 영감을 얻는 경우에는 이를 재현하는 것이 아니라 현대적인 감성으로 재해석하려는 시도가 중요하다. 역사복식의 형태나 장식 요소, 착장의 방식

등을 현대화시켜 최근의 트렌드나 스타일에 맞게 창의적으로 표현하는 것이 좋다.

그림 2 는 우아한 드레이퍼리(drapery)의 드레스로 그리스 시대 착용했던 키톤 그림 1 을 응용한 디자인이다. 키톤은 직사각형 천을 간단히 봉제하여 몸에 두른 후 간단한 핀이나 끈 등으로 고정시켜 입었던 옷으로 우아한 드레이퍼리가 특징적인데, 유연한 소재의 흐르는 듯한 실루엣과 드레이퍼리가 키톤(chiton)을 연상시킨다. 그림 4 는 광택 있는 소재의 표면과 굽이치는 문양이 모자이크화와 화려한 장식문양이 특징적이었던 비잔틴 복식 그림 3 을 연상시키는 디자인이다. 그림 6 은 근세시대 남성복 코트 그림 5 에서 영감을 받아 몸에 피트되는 실루엣과 촘촘한 단추 장식 등이 포인트가 되는 디자인이다.

1

2

그림 1 그리스 복식
그림 2 그리스 복식의 응용

3

4

그림 3 비잔틴 복식
그림 4 비잔틴 복식의 응용

5

6

그림 5　근세 남성 복식
그림 6　근세 남성 복식의 응용

(2) 20세기 복식의 응용

20세기의 복식은 현대화된 의복이면서 각 시대마다 시대를 대표하는 독특한 스타일이 존재했기 때문에 최근의 패션 디자인에서 매해 끊임없이 등장하고 있다. 20세기의 복식은 복고, 레트로 스타일로 불리며 자주 등장하는데, 특히 1920년대의 플래퍼 스타일, 1930년대의 롱 앤 슬림 스타일, 1950년대의 피트 앤 플레어 스타일, 1960년대의 미니 스타일, 1980년대의 파워 숄더 스타일 등 각 시대를 풍미했던 다양한 스타일이 최근 패션에서 새롭게 해석되어 나타나는 사례를 흔히 볼 수 있다.

7

8

그림 7　1920년대 복식
그림 8　1920년대 복식의 응용

9

10

그림 9　1950년대 복식
그림 10　1950년대 복식의 응용

11

12

그림 11　1980년대 복식
그림 12　1980년대 복식의 응용

그림 8 은 허리를 조이지 않는 H라인과 블랙 컬러의 레이스 소재, 깔끔하게 땋아 장식한 헤어 스타일 등이 1920년대의 의상 그림 7 을 연상시킨다. 그림 10 은 단정한 리본 블라우스와 무릎을 덮는 A라인의 스커트인데, 허리선을 강조해 여성성을 강조한 피트 앤 플레어의 1950년대 스타일 그림 9 를 최근의 감각에 맞게 해석한 것으로 볼 수 있다. 그림 12 는 광택 소재의 와이드 숄더 블라우스, 니 랭스(knee length) 스커트와 롱 부츠 등으로 여성의 사회진출 본격화로 각진 어깨와 가는 허리의 파워 드레싱이 유행하였던 1980년대 복식 그림 11 에서 영감을 받은 것이다.

시간을 활용한 디자인 발상을 위한 팁

- 세계사를 공부하며 역사 속 관심 있는 인물에 대해 탐구하고 자료를 수집한다.
- 역사나 특정 시대상에 대해 관심을 갖는다.
- 동서양의 복식사에 대해 공부한다.
- 역사 드라마나 영화를 시청한다.

2) 공간/지역

세계 각 지역별로 문화와 기후, 풍습이 다르기 때문에 각 지역의 민속양식은 다른 지역에서 볼 때 매우 새롭고 독특하게 느껴질 수 있다. 기후에 따라 자생하는 동식물이 다르고 자연환경이 다르기 때문에 서로 다른 생활습관을 지니고 있다. 따라서 각 지역을 대표하는 문화재나 민속의상, 풍물 등은 훌륭한 영감의 요소가 될 수 있다.

그림 14는 청나라 시대에 형성된 중국의 전통복식인 치파오 그림 13에서 영감을 받은 드레스로 클래식한 꽃무늬 패턴이 여성스러운 분위기를 강조하는 디자인이다. 그림 16은 소매의 형태, 허리의 굵은 벨트와 도안화된 패턴 등이 일본의 기모노와 오비[1] 그림 15를 연상시키는 디자인이다. 그림 18은 무슬림 복식의 대표적인 아이템인 히잡 그림 17을

13

14

그림 13 중국 복식
그림 14 중국 복식의 응용

1 여성용 기모노의 허리 부분을 감싸는 띠

15

16

그림 15 일본 복식
그림 16 일본 복식의 응용

17

18

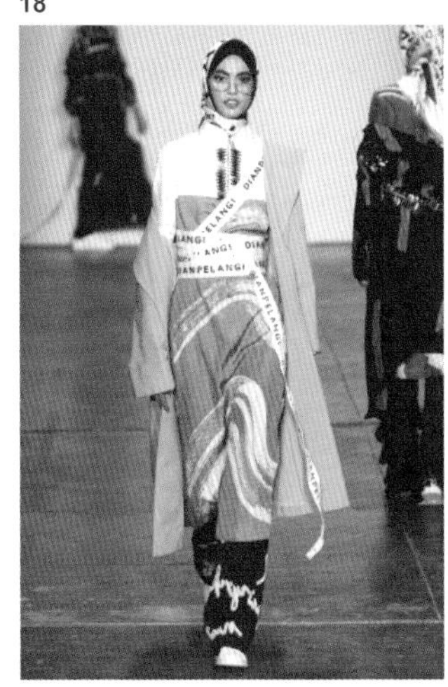

그림 17 무슬림 복식
그림 18 무슬림 복식의 응용

그래피티 팬츠와 레터링 테이프, 선글라스와 스타일링하여 캐주얼한 분위기로 연출한 사례이다.

공간/지역을 활용한 디자인 발상을 위한 팁

- 다양한 나라나 지역을 여행한다.
- 세계의 풍물, 문화유산에 대한 동영상을 시청한다.
- 국내에 있는 세계 여러 나라의 대사관이나 문화관을 방문하여 그 지역의 전통자료를 수집한다.
- 특정 지역의 문화나 풍물이 잘 드러나는 영화를 감상한다.

3) 예술양식

현대는 아트 마케팅의 시대라고 할 만큼 예술은 현대인의 일상이나 비즈니스에 밀접해 있다. 현대의 예술은 선택된 일부 사람들이 향유하던 시기를 지나 일반 대중에게 열려 있으며 일상에서 손쉽게 접근할 수 있는 것이 되었다. 한 시대를 대변하는 예술양식은 동시대의 사회, 문화상을 반영하며 그 시대의 패션 스타일에 직·간접적으로 반영되어 나타난다. 예술양식은 패션 디자인 발상에 있어 자주 등장하는 테마로 독창적 아이디어를 표현하기 위해 사용된다.

그림 20은 여러 인물의 사진을 프린트한 소재로 제작된 원피스와 토트백인데, 실크스크린 기법으로 사물이나 인물의 이미지를 반복적으로 보여준 팝아트 그림 19의 표현 방식을 응용한 것으로 볼 수 있다. 그림 22는 블랙 올인원 슈트 차림에 엄청나게 큰 장갑이 달린 머플러를 착용한 모습으로 극적으로 확대된 장갑이 이성의 지배를 받지 않는 환상의 세계를 표현하는 초현실주의 그림 21을 연상시킨다. 그림 24는 사이키델릭 아트 그림 23을 응용한 디자인으로 현란한 형광색의 컬러와 불규칙하고 대담한 곡선의 장식 요소, 모델의 독특한 헤어컬러가 어우러져 화려하고 유니크한 감성을 자아낸다.

예술양식을 활용한 디자인 발상을 위한 팁

- 예술양식에 대해 공부한다.
- 미술 전시회나 공연 등을 관람한다.

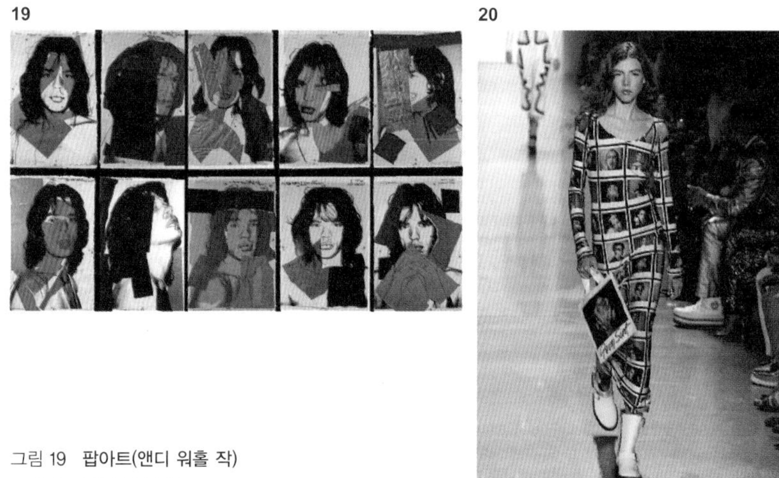
19 20

그림 19 팝아트(앤디 워홀 작)
그림 20 팝아트의 응용

그림 21 초현실주의(르네 마그리트 작)
그림 22 초현실주의의 응용

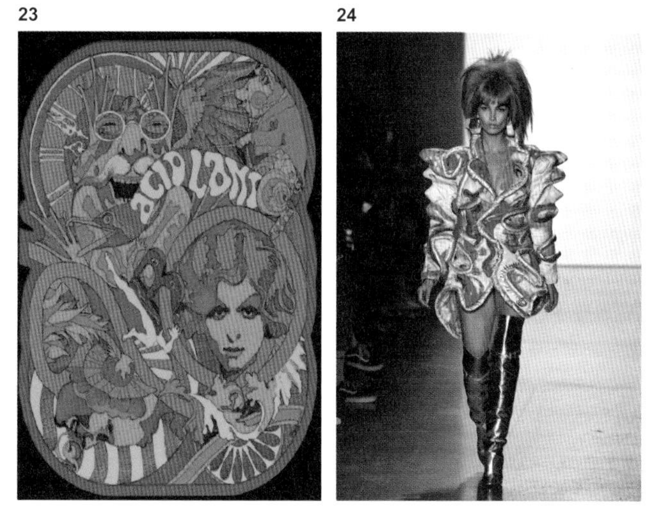

그림 23 사이키델릭 아트
(1960년대 아트포스터)
그림 24 사이키델릭 아트의 응용

- 관심 있는 특정 예술가를 선정해서 그의 생애와 작품활동에 대해 조사한다.
- 예술양식을 활용한 디자인 사례 등을 찾아본다.

4) 자연물

자연물은 인류가 존재할 때부터 주변에 함께해 왔기 때문에 일상에서 친숙하게 여겨지는 대상이다. 자연물의 생태나 조형성에 대한 관찰을 통해 다양한 디자인 영감을 얻을 수 있다. 동·식물은 기후와 지형에 따라 그 유형이 다르기 때문에 문화권에 따라

25

26

27

그림 25 꽃의 응용
그림 26 얼룩말의 응용
그림 27 갑각류의 응용

다양한 모습이 나타난다. 특히 식물은 여성복 패션 디자인에서 매우 흔하게 활용되는 주제인데, 식물의 전체적인 형상에서 영감을 받거나 식물의 줄기나 잎, 열매, 꽃 등 특정 요소를 디자인의 전체 실루엣이나 색상, 패턴 등에 표현할 수 있다. 동물의 경우는 전체 모습이나 그 동물을 대표하는 부분의 특징적인 형상을 응용하거나 표피의 문양에서 영감을 받아 디자인에 응용할 수 있다. 자연물에 의한 패션 디자인 발상은 입체적인 표현으로 조형성을 극대화하여 표현할 수도 있고 형태를 단순화, 도안화하여 패턴으로 표현할 수도 있다.

그림 25는 원단을 불규칙하게 주름 잡아 꽃을 입체적으로 표현하였다. 그림 26은 반복되는 검정색의 곡선 줄무늬가 얼룩말을 연상시켜 동물 표피의 문양에서 영감을 받은 디자인의 사례라 할 수 있다. 그림 27은 어깨 장식이나 마디가 서로 연결된 듯한 앞 중심의 장식이 딱딱한 껍데기로 이루어진 갑각류를 연상시키며 화려하면서 강한 이미지를 보여준다.

자연물을 활용한 디자인 발상을 위한 팁

- 관심 있는 자연물을 선정하여 생태를 조사한다.
- 관심 있는 자연물에 대하여 다양한 종류의 이미지를 수집해 본다.

• 내셔널지오그래픽(National Geographic)과 같은 자연 다큐멘터리를 시청한다.
• 직접 실물을 보고 다양한 각도에서 촬영하면서 관찰한다.

5) 인공물

건축물이나 생활용품 같은 인공물은 다양한 재료와 공간적인 형태를 지닌 조형적 특성으로 인해 패션 디자인에도 색다른 아이디어를 제공한다. 특히 건축물의 경우는 공간감을 지닌 조형물이라는 점에서 인체 위에 착용하는 패션과 공통분모를 지니고 있어 디자인 영감의 요소로 자주 활용된다.

그림 28은 털실을 응용한 디자인으로, 소재에 프린트된 둥글게 말린 다양한 털실 이미지의 문양이 유니크한 감성을 주며 문양과 같은 다양한 색상의 털실로 제작된 코사지를 상의에 부착하여 흥미 요소를 주었다. 그림 29는 흔히 거리에서 볼 수 있는 공사주의 알림판이나 도로 표지판 등을 활용한 디자인으로 우리가 흔히 접할 수 있는 경고 문구를 의상에 적용하여 낯설고 신선한 느낌을 준다. 그림 30은 일상에서 매일 접하는 변기 뚜껑을 디자인 소재로 사용한 것으로 패션에 전혀 어울릴 것 같지 않은

28 29 30

그림 28 털실의 응용
그림 29 도로 표지판의 응용
그림 30 변기 뚜껑의 응용

대상을 접목시켜 재치 있게 표현한 사례이다.

인공물을 활용한 디자인 발상을 위한 팁

- 오감을 동원하여 대상을 관찰하고 다양한 각도에서 사진을 찍어 본다.
- 관심 있는 인공물에 대하여 다양한 종류의 이미지를 수집해 본다.
- 대상에 대해 떠오르는 아이디어를 계속 적어 보면서 직접적, 은유적으로 표현해 본다.
- 대상의 조형적 특성에 집중하며 여기에서 아이디어를 발전시켜 본다.

디자인 아이디어 소스에 의한 디자인 발상 사례

꽃을 테마로 한 디자인 발상

소담스럽게, 때로는 화려하게 피어 있는 꽃은 훌륭한 디자인 소스가 된다. 꽃을 테마로 한 디자인 발상은 꽃잎의 유려한 곡선과 풍성하게 겹쳐진 꽃잎에서 영감을 받아 여성스러운 원피스와 점프슈트를 디자인한 것이다. 페일톤과 소프트톤을 사용하였고 그러데이션 배색을 통해 꽃잎에서 나타나는 자연스러운 색감을 표현하고자 하였다. 전체적으로 꽃의 형상이나 꽃잎의 부분적인 형태감에 주목하면서 이를 의상의 전체적인 실루엣이나 부분적인 디테일에 표현하였다.

그림 31 꽃을 테마로 한 디자인 발상 사례

시간을 테마로 한 디자인 발상

역사 복식 중 그리스, 로마의 고대시절을 동경하며 자연스러운 스타일을 추구하였던 엠파이어시대를 디자인 소스로 하였다. 근대적 관점에서 새롭게 해석된 신고전주의 양식을 21세기 현대적 관점에서 재해석한 것이다. 허리선이 높게 올라간 엠파이어 스타일에 초점을 맞추어 원피스와 오프 숄더의 점프슈트로 표현하였다. 컬러는 라이트 그레이시톤의 블루, 그린 계열을 주로 사용하였고, 실크, 시폰 등 부드럽게 흘러내리는 소재를 매치하였다.

그림 32 엠파이어 복식을 테마로 한 디자인 발상 사례

PRACTICE 1

패션 디자인 발상의 아이디어 소스 중 본인이 관심 있는 것을 선택한 후 자료를 수집하고 관련 이미지를 모아서 디자인을 해보자.

<table>
<tr><td rowspan="2">디자인 영감의
요소 선정</td><td>시간</td><td>지역</td><td>예술양식</td><td>자연물</td><td>인공물</td><td>기타</td></tr>
<tr><td></td><td></td><td></td><td></td><td></td><td></td></tr>
<tr><td>정보 수집 및 분류:
디자인 영감 찾기</td><td colspan="6"></td></tr>
<tr><td>아이디어 구상:
이미지, 색채, 소재 등 계획</td><td colspan="6"></td></tr>
<tr><td>디자인 전개:
시각화, 스케치</td><td colspan="6"></td></tr>
</table>

3. 패션 디자인 발상법

1) 형태분석법

형태분석법은 사물의 구조나 형태를 분석하고 이를 부분적으로 변화시켜 새로운 디자인으로 표현하는 방법으로 짧은 시간에 다양한 디자인을 전개할 수 있기 때문에 패션 실무에서도 많이 활용하고 있는 방법이다. 다른 발상법과 달리 시각적인 접근이 가능해서 좀 더 즉각적이고 구체적인 해결안을 도출할 수 있다.

패션 디자인 발상에서 형태분석법은 동일한 장식기법을 아이템에 따라 다양하게 연출할 수도 있고, 하나의 아이템에서 부분 디테일의 형태를 변화시키면서 새로운 디자인으로 전개할 수도 있다. 예를 들어, 표 2 처럼 소매는 일반적인 기본형, 소맷단 쪽으로

표 2. 아이템에 따른 소매의 형태분석

구분	블라우스	원피스	재킷
기본형		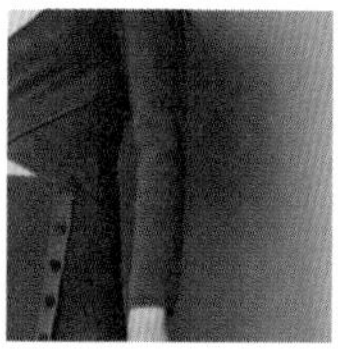	
벨 (bell)	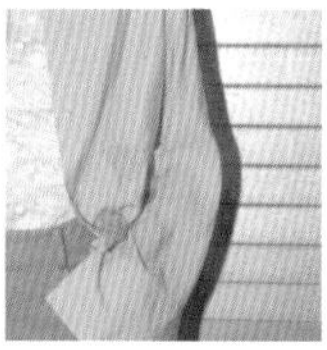	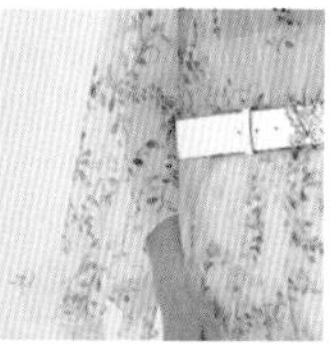	
퍼프 (puff)			
돌먼형 (dolman)		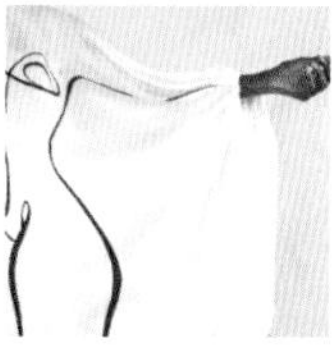	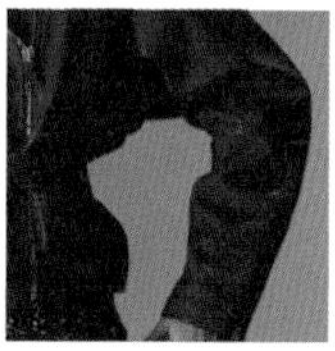

갈수록 넓어지는 벨형, 소매산이나 단쪽에 주름이 있는 퍼프형, 진동둘레를 크게 하여 겨드랑이 부분이 매우 넉넉한 돌먼형 등 다양한 유형이 있는데, 이러한 유형에 대해 분석한 후 이 소매 형태가 블라우스, 원피스, 재킷 등 다른 아이템에서는 어떻게 표현되고 있는지를 살펴보면서 소매 디자인에 대한 아이디어를 구체화시킬 수도 있다.

또한 트렌치 코트와 같이 특징적인 디테일이 많은 아이템에서 디테일의 형태를 분석해 보고 다른 아이템에서는 어떻게 나타나고 있는지 그 사례를 분석하는 것도 디자인 발상에 도움이 된다. 제1차 세계대전 시 참호에서 착용하기 위한 군인들의 레인 코트에서 유래된 트렌치 코트는 어깨 견장과 몸통 부위의 보호를 위한 덧단, 허리벨트, 소매와 목둘레 등의 조임단 등의 디테일이 특징적이다. 다양한 트렌치 코트에서 이러한 디테일이 어떻게 나타나고 있는지 디자인 사례를 찾아보고, 트렌치 코트가 아닌 다른 아이템에서 같은 디테일이 어떻게 표현되고 있는지 함께 살펴보는 것도 형태분석을 통한 디자인 발상에 도움이 될 수 있다 표 3.

표 3. 트렌치 코트의 형태 분석

구분	트렌치 코트 형태 분석			다른 아이템에 나타난 사례 분석		
				원피스	재킷	셔츠
에폴렛 (epaulet)						
플랩 (flap)	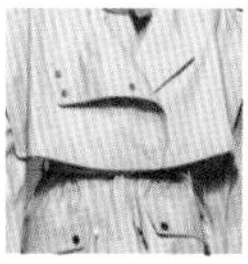			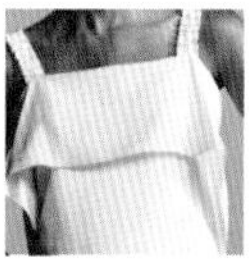		
탭, 스트랩 (tab, strap)					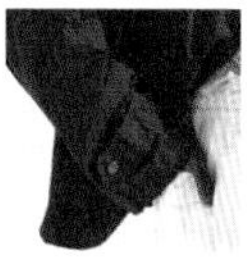	

형태분석법을 활용한 디자인 발상 사례

형태분석법은 의상의 구체적인 형태를 분석하고 이를 변형하여 디자인하거나 혹은 새로운 아이템이나 디테일 등에 적용시킬 수 있다. 그림 21의 사례는 셔츠의 형태를 분석하여 셔츠의 다양한 칼라, 여밈, 커프스 등을 분석한 후 이러한 셔츠의 디테일 요소와 드레스의 드레이퍼리와 주름장식, 퍼프 소매 등을 결합시켜 셔츠의 단정한 이미지를 사랑스럽게 변화시킨 것이다. 이를 통해 셔츠 아이템이 개더나 프릴, 드레이프를 만나 부드럽고 섬세한 스타일의 드레스로 표현되었다.

그림 33 형태분석법을 적용한 디자인 발상 사례

PRACTICE 2

형태를 분석하고 싶은 아이템이나 디테일을 선정하고, 대상에 대한 다양한 사진을 수집한 후 형태를 변화시키거나 다른 디자인 요소들을 더하면서 디자인을 전개해 보자.

선정 아이템이나 디테일 이름과 이유	
형태분석 사례 사진 수집	
형태분석을 통한 디자인 발상	

2) 체크리스트법

체크리스트(check list)란 업무결과나 안전점검 등을 실수 없이 하기 위해서 작성하는 서식을 말한다. 일반적으로 체크리스트는 한 눈에 보이도록 구성하며 확실하고 명확한 단어로 표현한다. 디자인 발상에서 체크리스트법이란 디자인 발상과 관련된 항목들을 나열하고, 항목별로 변수에 대해 검토하면서 아이디어를 구상하는 방법을 말한다. 체크리스트법은 다른 발상법과 함께 사용하면 이중의 효과를 낼 수 있으므로 유용하다. 체크리스트법에는 제거, 부가, 전환, 극한, 결합, 반대, 연상 등의 방법이 있다.

(1) 제거법

디자인의 한 부분을 제거하는 것을 말한다. 불필요한 장식이나 옷의 일부를 제거하여 간결하게 표현할 수도 있고, 일반적인 관점에서 필수 구성요소로 여겨지는 부분을 제거하여 낯설고 새롭게 느껴지게 할 수도 있다. 과감한 제거는 기존의 형태를 파괴하여 새로운 형태나 착장법을 가능하게 한다.

그림 34는 재킷의 어깨와 칼라 부분이 과감하게 제거되어 섹시한 느낌을 주는 상의로 표현된 디자인이다. 그림 35는 볼레로 형태로 짧은 상의 아랫부분이 과감하게 제거

그림 34 재킷의 어깨 부분 제거
그림 35 몸통 부분의 제거
그림 36 배 부분의 제거

되어 속옷과 피부가 노출된 디자인으로 강렬한 인상을 준다. 그림 36 은 뷔스티에의 배 부위 원단이 제거되어 형태를 잡아주는 보닝 와이어만 남은 형태로, 옷의 구조적 형태를 보여주며 과감하고 섹시한 느낌을 준다.

(2) 부가법

하나의 형태, 색채, 소재 등을 반복하거나 더하는 방법으로 이미 존재하는 무언가를 더 추가시키는 방법이다. 동일 아이템에서 칼라를 여러 겹 겹쳐서 표현하는 식으로 디테일이나 장식요소 등을 반복하여 표현하는 것도 해당된다.

그림 37 은 심플한 회색 스커트 정장에 은색과 검은색 스크래치 패턴이 있는 장식 덧단을 추가하여 전체적인 스타일링에서 눈길을 끄는 포인트로 제시한 것을 볼 수 있다. 그림 38 은 베스트에 알파벳이 쓰여진 여러 색상과 모양의 패치 포켓을 부착하고, 허리에 같은 모양의 입체 포켓 모양의 웨이스트 백을 착용하여 포켓의 반복을 위트 있게 표현하였다. 그림 39 는 몸매가 드러나는 타이트한 톱과 스키니 팬츠에 하늘거리는 튤을 부가하여 페미닌한 이미지를 주면서 복합적인 감성을 표현하고 있다.

37

38

39

그림 37 장식덧단의 부가
그림 38 포켓의 부가
그림 39 튤 스커트의 부가

(3) 전환법

어떤 것을 기존의 것과는 다른 위치나 용도, 분야에 전환시켜 적용하는 것을 말한다. 일상적인 위치나 용도를 벗어나 새롭게 제시되면 낯설고 새롭게 느껴지게 되고 여기서 독창적인 표현이 가능해진다. 예를 들면 의복에 전혀 사용될 것 같지 않은 재료를 의복에 사용하거나, 플리츠 스커트를 케이프처럼 어깨에 둘러 입는 식으로 용도나 착장법을 새롭게 변화시키는 것이다.

그림 40은 롱 재킷을 스커트로 아이템을 전환시킨 디자인으로 칼라와 단추 등 재킷의 전형적인 구성요소가 잘 보이면서 허리여밈 부위에 칼라 디테일이 돋보여 마치 재킷을 허리에 입은 듯 독특한 인상을 준다. 그림 41은 청바지의 좌우 포켓과 벨트 디테일을 장딴지 부위에 오도록 한 것으로 청바지를 인식시키는 전형적인 디테일을 보여주면서 일상적인 위치와 착용법을 전환시켜 흥미를 유발시키는 디자인이다. 그림 42의 오른쪽 디자인은 트렌치 코트의 여밈과 구조를 변경하고 스트랩 장식과 플리츠 디테일 등을 더해 디자인을 새롭게 전환시킨 사례이고, 왼쪽의 디자인도 브라 톱을 티셔츠 위에 착용하고 스커트 위에 플리츠와 개더 장식이 더해진 차림으로 착장방식의 전환을 통해 유니크한 감성을 연출하였다.

그림 40 아이템의 전환 1
그림 41 아이템의 전환 2
그림 42 착장방식의 전환

(4) 극한법

사물의 상태나 특성을 매우 과장되게 변형하는 것을 말한다. 형태나 이미지를 표현하는 단어를 사용하여 극한까지 자유롭게 전개해 가는 발상법이다. 큰 것을 최대한 크게, 작은 것을 최대한 작게 등과 같이 그 특성을 극적으로 과장하여 표현하는 방법이다.

그림 43은 여러 겹의 레이어드로 풍성하게 표현된 외투로 극한의 볼륨감을 표현하며 드라마틱한 분위기를 준다. 그림 44는 무릎 부위가 극적으로 좁고 밑단 부위는 풍성하게 벌어진 머메이드 실루엣의 스커트가 넓은 챙의 모자와 매치되어 과장된 형태감이 더욱 강조된 디자인이다. 그림 45는 레드와 블랙 컬러의 배색으로 착시효과를 주어 허리는 더욱 가늘게 강조되고, 소매의 볼륨감은 더욱 풍성하게 과장되어 극적인 실루엣을 보여준다.

그림 43 볼륨감의 극한
그림 44 실루엣의 극한 1
그림 45 실루엣의 극한 2

(5) 결합법

서로 다른 요소를 결합시켜 새롭게 표현하는 발상법이다. 머플러에 후드를 결합하는 식으로 서로 다른 디테일이나 아이템을 결합시켜 새로운 디자인을 만들어 내는 방식이다. 또한 동양과 서양, 과거와 미래 등 전혀 다른 개념이나 요소를 결합시켜 새로운 디자인의 가능성을 제시할 수도 있다.

그림 46 은 테일러드 코트와 후드가 결합된 디자인으로 코트를 어깨가 아닌 머리 위에 걸쳐 독특한 스타일링을 연출하였다. 그림 47 은 넓은 챙모자와 얼굴을 가리는 마스크가 결합된 디자인으로 모자의 넓은 챙과 크라운이 얼굴을 숨기며, 눈 부분만 개방하여 마스크와 같은 느낌을 준다. 그림 48 은 코트의 내부에 덧단을 달고 여기에 스카프를 결합하여 목을 휘감아 스타일링한 사례로 유니크하면서 멋스러운 인상을 준다.

그림 46 코트와 후드의 결합
그림 47 모자와 마스크의 결합
그림 48 코트와 스카프의 결합

(6) 반대법

현재의 것을 정반대로 배치하거나 일상적인 것과 상반되는 형태나 성질로 표현하는 방법이다. 반대법은 일상적인 친숙함을 깨고 낯선 느낌을 주기 때문에 새롭게 여겨진다. 예를 들어 사람들이 일상적이라고 생각하는 대상의 겉과 안을 도치하거나 위와 아래를 바꾸거나 앞과 뒤를 바꾸는 식이다.

그림 49 는 블랙의 브라 톱과 스트랩 장식이 겉에 달린 원피스를 착용한 모습인데, 마치 속옷을 겉에 착용한 듯한 인상을 주는 스타일링이다. 마찬가지로 그림 50 은 속옷으로 입는 뷔스티에를 겉옷으로 착용한 모습이다. 그림 51 은 숫자가 크게 적힌 농구 유

49

50

51

그림 49 겉과 안의 도치
그림 50 속옷의 겉옷화
그림 51 이미지의 도치

니폼 아래에 러플과 드레시한 스커트가 달린 드레스로 서로 상반되는 스포티브와 엘레강트 이미지를 조합하여 새로운 감각으로 표현한 사례이다.

(7) 연상법

어떤 대상에 대한 유사성과 인접성을 토대로 여러 각도에서 서로 관련지어 가면서 아이디어를 전개하는 방법으로 유추법이라고도 한다. 어떤 사물을 보거나 생각할 때 그것과 관련 있는 사물을 떠올리는 식인데, 하늘의 뭉게구름을 보고 양떼를 떠올리거나, 기차를 보고 여행을 떠올리는 사례 등이 해당된다.

그림 52는 스커트 부분은 초록색으로, 상의 부분은 커다란 연꽃의 꽃잎을 겹쳐 장식하여 한 송이 연꽃을 연상시키는 디자인이다. 그림 53은 모델의 어깨 부위에 길고 풍성한 깃털을 장식하여 마치 한 마리 우아한 새가 날개짓 하는 모습을 연상시키는 모습이다. 그림 54는 베이비 돌 스타일의 풍성한 드레스 전체가 깃털로 장식되어 귀여운 아기 새를 연상시키는 디자인이라 할 수 있다.

지금까지 살펴본 체크리스트법은 아이디어를 전개하는 데 단독으로 사용할 수 있

그림 52 연꽃의 연상
그림 53 새의 연상 1
그림 54 새의 연상 2

고, 형태분석법이나 마인드맵 기법 등 다른 디자인 발상법과 함께 사용하여 부가적인 도움을 받을 수도 있다. 또한 체크리스트법에서도 한 가지 방법만 단독으로 사용할 수도 있고, 연상법과 부가법 등 여러 방법을 병행해서 활용할 수도 있다.

체크리스트법을 활용한 디자인 발상을 위하여 디자인 콘셉트를 기획할 때 콘셉트와 어울리는 체크리스트법을 미리 생각해 보고 적용할 수 있다. 예를 들어, 해체주의를 콘셉트로 한 업사이클링 디자인을 기획한다면 의복의 구조를 해체하고 재조합하는 과정을 거쳐야 하므로 제거법이나 반대법 등을 손쉽게 활용할 수 있을 것이다. 디자이너의 컬렉션을 볼 때 어떤 체크리스트 법이 사용되었는지 살펴보는 것은 디자인 아이디어를 전개하고 표현하는 방법을 볼 수 있는 좋은 기회가 될 것이다.

체크리스트법을 활용한 디자인 발상 사례

체크리스트법은 제거, 부가, 전환, 극한 등 디자인 발상과 관련된 항목들을 나열하고, 항목별로 검토하면서 아이디어를 구상하는 방법이다. 위, 아래가 뒤집힌 건물이나 동전처럼 일상의 고정관념을 반대로 뒤집어 새로운 아이디어를 찾고자 한 것이다. 체크리스트법 중 반대법을 응용하여 의상의 안과 밖, 위와 아래가 도치된 디자인을 기획하였다. 코르셋과 가터벨트 등을 겉옷으로 착용하거나 플리츠 스커트를 상의에 망토처럼 둘러 입는 식으로 흥미롭게 스타일링을 연출하였다.

FLIPPED

체크리스트법 중 반대법을 이용하여 코르셋과 가터벨트
속옷 등을 겉옷 위에 배치하여 디자인 전개

motive : 뒤집힌 건물, 동전 등
item : 가터벨트, 뷔스티에 등
color : 소프트톤
detail : 러플, 플리츠, 드레이프
fabric : 실크, 면, 가죽 등

그림 55 체크리스트법의 반대법을 응용한 디자인 사례

PRACTICE 3

체크리스트법(제거, 부가, 전환, 극한, 결합, 반대, 연상) 중 관심이 있는 방법을 선택하여 아이디어를 내고 이를 디자인 스케치로 제시해 보자. 체크리스트는 한 가지 방법만 사용할 필요는 없고 두세 가지의 방법을 같이 사용할 수도 있다. 자신이 사용할 체크리스트 법에 표시를 하고 체크리스트법을 활용한 디자인 발상을 시도해 보자.

<table>
<tr><td rowspan="2">관심 있는
체크리스트법 선정</td><td>제거법</td><td>부가법</td><td>전환법</td><td>극한법</td><td>결합법</td><td>반대법</td><td>연상법</td></tr>
<tr><td></td><td></td><td></td><td></td><td></td><td></td><td></td></tr>
<tr><td>선택한 체크리스트법의
핵심내용</td><td colspan="7"></td></tr>
<tr><td>아이디어 발상</td><td colspan="7"></td></tr>
<tr><td>디자인 스케치</td><td colspan="7"></td></tr>
</table>

3) 마인드 맵 기법

마인드맵(mind map) 기법은 1960년대 영국의 심리학자 토니 부잔(Tony Buzan)이 개발한 것으로 개별 아이디어와 개념 간의 관계를 지도를 그리듯이 그리는 방법이다. 키워드나 이미지, 기호 등을 활용하여 아이디어를 방사형으로 전개하여 사고와 이미지를 동시에 활용하는 장점이 있다. 우뇌와 좌뇌를 동시에 사용하기 때문에 디자인 문제에 대한 복잡한 상황을 이해하는 데 적합한 기법이다.

떠오르는 아이디어를 방사형으로 전개해 나가는 과정을 통해 아이디어의 가지치기가 이루어지며, 이를 기록함으로써 또 다른 새로운 아이디어가 생성될 수 있다. 사고의 연상이 자연스럽게 이루어지면서 연상작용을 통해 사고의 패턴이 어떻게 흘러가고 있는지 시각적으로 파악하기가 용이하다. 아이디어 간의 관계가 잘 드러나 주제에서 파생된 각각의 아이디어가 어떤 상호 관련성을 갖는지 파악하기 쉬운 장점이 있다.

마인드 맵 작성을 위한 구체적인 방법은 다음과 같다. 먼저 종이의 중심에서 시작한다. 가장 중요한 중심 주제나 콘셉트 등을 함축하는 키워드나 그림, 사진 등으로 표현한다. 중심 주제에 대해 연상되는 것들을 방사형으로 가지를 치면서 키워드나 기호를 작성해 나간다. 주가지의 끝은 부가지로 연결되고, 부가지의 끝에는 세부가지를 연결한다. 각 가지당 하나의 키워드만을 사용하며 다양한 컬러를 사용하여 그리는 것이 좋다.

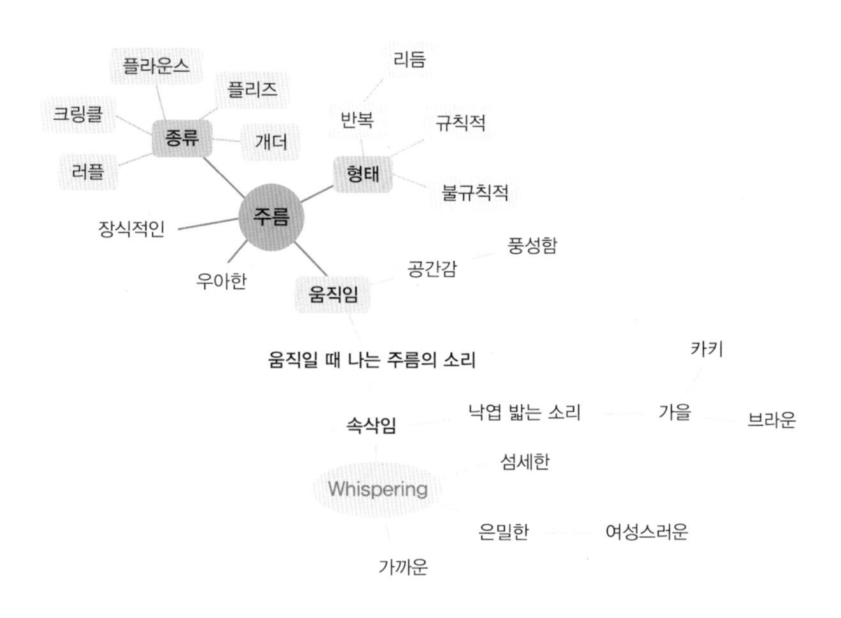

그림 56 디자인 전개를 위한 마인드 맵(Whispering의 콘셉트 도출 과정)

마인드 맵을 통해 디자인 아이디어를 도출하고 디자인 기획에 필요한 아이디어를 정리하는 과정에서 디자인 콘셉트를 도출하기도 한다. 그림 56 은 주름을 이용한 디자인 개발을 위해 주름의 특성에 대해 마인드 맵을 작성한 것이다. 주름의 종류와 주름의 형태를 정리해 보고, 주름이 움직일 때의 공간감을 통해 풍성함을 연상하고, 주름이 움직일 때의 사각거리는 소리에 주목하여 '*Whispering*'이라는 작품의 콘셉트를 도출하였다. 그림 57 은 이렇게 선정된 작품의 콘셉트를 토대로 이미지맵과 스타일링맵을

그림 57 Whispering에 의한 디자인 개발

작성하고 작품을 제작한 것을 보여준다. 이처럼 마인드 맵 작업은 아이디어를 정리하여 디자인을 기획하는 데 있어 효과적인 방법이다.

마인드 맵 기법을 활용한 디자인 발상 사례

마인드 맵 기법은 떠오르는 아이디어를 방사형으로 전개하며 아이디어의 가지치기를 통해 아이디어를 끌어내는 방법이다. 일제 강점기인 1933년을 배경으로 대한민국 임시정부의 친일파 암살 작전을 소재로 한 영화 〈암살〉에서 디자인의 영감을 받아 마인드 맵 기법을 통해 아이디어를 전개하고 디자인을 기획한 것이다. 영화의 주제와 시대, 등장인물, 사건 등을 적어가면서 아이디어를 전개하였고, 개화기 시대를 테마로 복고적 이미지를 현대적 감각으로 재해석하고자 하였다.

그림 58 마인드 맵에 의한 디자인 발상 사례

PRACTICE 4

관심 있는 디자인 주제를 선정하고 연상되는 키워드를 정리한다. 키워드를 토대로 마인드 매핑을 하면서 디자인 콘셉트를 도출한 후 디자인 스케치를 실시해 보자.

관심 있는 디자인 주제 선정	
주제에 따라 연상되는 키워드	
마인드 매핑	
디자인 콘셉트 정리	
디자인 스케치	

04

FASHION IMAGE AND SENSIBILITY

패션 이미지와 감성

패션 이미지는 패션 감성과 밀접하게 연관되어 있으며 선호 이미지를 보면 그 사람의 취향과 미의식을 알 수 있다. 디자인에 있어 패션 이미지는 디자인 기획의 출발점이 되기도 하고, 손쉽게 디자인의 콘셉트를 설명할 수 있는 방법이 되기도 한다. 최근의 패션에서는 여러 가지 패션 이미지가 자유롭게 믹스되어 새로운 스타일로 제시되는 경우를 흔히 볼 수 있다. 본 장에서는 보편적으로 많이 사용되는 8개의 패션 이미지를 중심으로 이미지의 특징과 컬러, 소재, 패턴, 아이템, 스타일의 특성을 살펴본다.

이미지는 마음 속에서 떠올리는 심상으로, 그림이나 사진과 같은 시각물 자체를 일컫기도 하고 어떤 사람이나 사물로부터 받는 느낌을 말하기도 한다. 패션 이미지는 패션에 관하여 사람이나 소품 등에서 받는 감성으로 사람들에게 특정한 이미지를 떠오르게 하여 디자인 기획이나 스타일링에 있어 그 출발점이 되는 경우가 많다.

패션 이미지는 패션에 대한 느낌이나 취향, 미의식이 반영된 것이며 감각과 감성에 의한 부분이라 할 수 있다. 패션 이미지를 통해 어떤 패션 스타일을 손쉽게 설명할 수 있지만, 이미지는 주관적인 느낌이기 때문에 동일한 패션에 대해 서로 다른 감각의 이미지로 느끼는 경우도 생긴다. 또한 현대 패션에서는 다양한 이미지가 혼재되어 나타나는 경우가 매우 많으므로 어떤 특정한 이미지로 국한하기 어려운 경우도 종종 발생한다. 따라서 보편적으로 자주 사용되는 패션 이미지에 대해 정확히 이해하는 것은 패션 스타일링이나 디자인 기획, 디자인 평가에 있어 중요하다.

패션 이미지를 분류하는 방법은 다양한데, 보편적 기준을 토대로 클래식과 아방가르드, 페미닌과 매니시, 모던과 에스닉, 엘레강트와 스포티브 이미지로 나눌 수 있다. 그림 1에서 제시한 이미지 분류를 보면, 여덟 가지의 이미지와 함께 제시된 이미지는 그 이미지와 감각이 비슷한 이미지들이며, 각 이미지별로 마주 보고 있는 이미지는 서로 상반된 성향을 보이는 이미지라고 할 수 있다. 예를 들어, 모던은 소피스티케이트, 미니멀, 심플&시크 이미지와 유사한 이미지이며, 에스닉은 오리엔탈, 프리미티브, 페전트 등의 이미지와 유사한 이미지라 볼 수 있다. 모던 이미지는 도시적인 세련미가 강조된 이미지이고, 에스닉 이미지는 원시적 생명력, 민속의상 등에서 영감을 받은 이미지이므로 서로 상반되는 특성을 갖는다.

현대 패션에서는 한 가지 이미지가 아니라 서로 다른 여러 이미지가 복합적으로 혼합되어 이미지가 공존하는 경우를 흔히 볼 수 있다. 모던 엘레강트, 에스닉 페미닌 등과 같이 서로 다른 이미지가 혼합되거나, 로맨틱 스포티, 모던 에스닉과 같이 서로 상반되는 이미지를 혼합하여 새로운 이미지를 추구하기도 한다. 패션 브랜드들은 각 브랜드의 대표적인 감성을 중심으로 매 시즌 트렌드에 따라 감성을 조금씩 결합하면서 컬렉션을 구성하는 경우가 많다.

복합적인 이미지를 표현하고자 할 때에는 우선 각각의 이미지 특징을 잘 이해하는 것이 필요하다. 이미지에 대한 정확한 이해를 토대로 각 이미지에서 어떤 요소들을 가져와서 서로 조화시킬 수 있을지를 생각해야 한다. 예를 들어 페미닌한 감수성을 가진 20대 여성을 위한 에스레저 룩을 디자인한다고 가정했을 때 페미닌과 스포티브 이미지를 결합할 수 있다. 페미닌 이미지의 소프트 컬러 배색과 프릴 등의 장식요소를 레깅스나 스웨트 셔츠 등과 같은 스포티브 아이템에 적용시켜 로맨틱 에스레저 룩을 기획하는 식이다. 스포티브 이미지에서는 잘 사용되지 않는 프릴 같은 장식요소가 스포티브 이미지의 대표적인 아이템인 스웨트 셔츠에 더해지게 되면 좀 더 여성스러운 스포츠 룩을 원하는 소비자의 감성을 충족시켜 줄 수 있다. 이처럼 이미지를 혼합하는 것은 새로운 스타일의 전개를 가능하게 하고 복잡하고 섬세한 현대인의 감성 표현에 효과적이다.

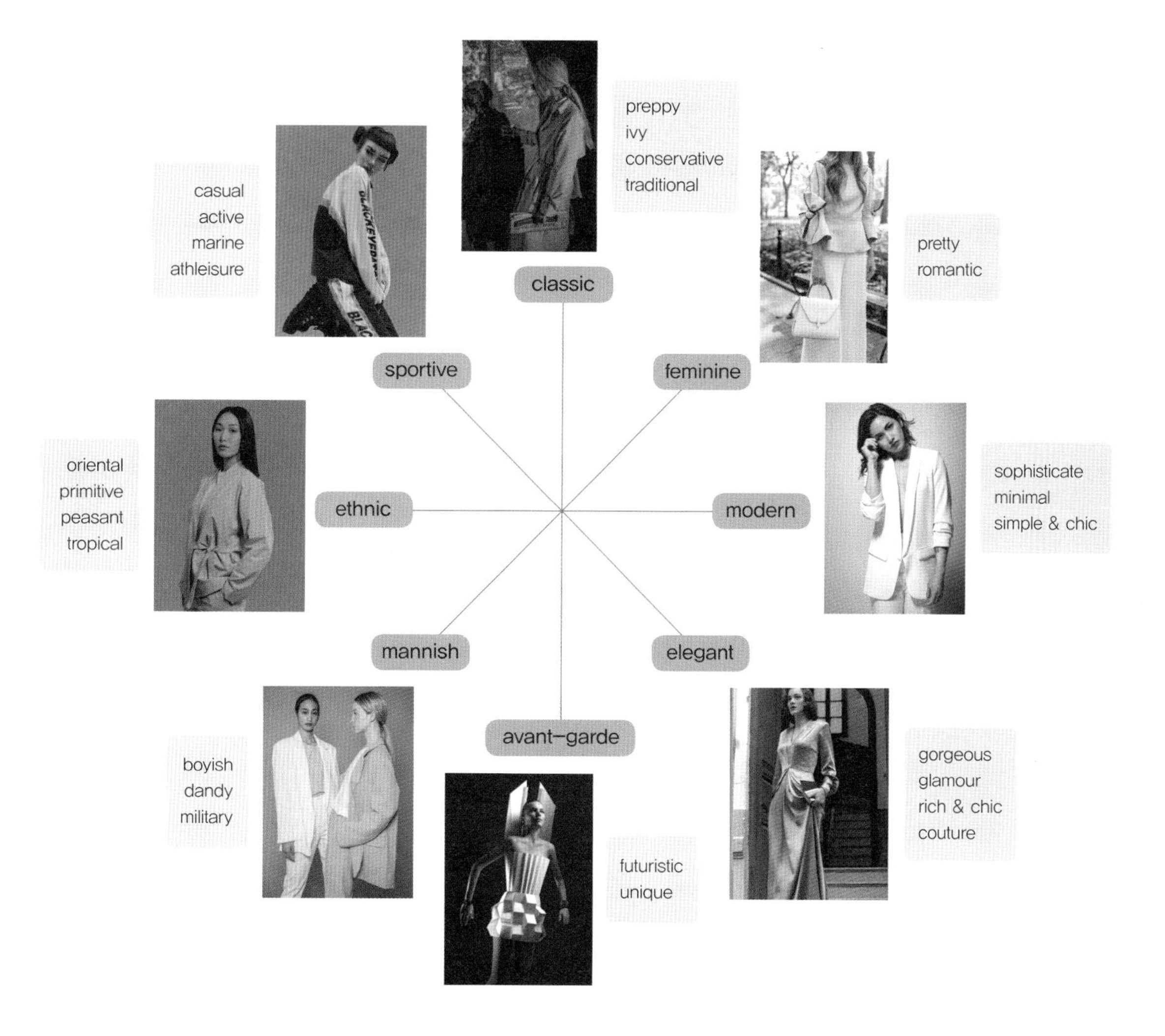

그림 1 **패션 이미지의 분류**

1. 페미닌 이미지

페미닌 이미지(feminine image)는 부드러움, 섬세함 등과 같이 여성스러운 감성을 말한다. 사랑스러움, 달콤함, 상냥함 등의 감성을 내포하며 매니시와 반대되는 감성이다. 섬세하면서 사랑스러운 분위기를 가진 이미지로 화사하고 부드러운 느낌을 줄 수 있는 라이트 톤의 컬러와 유연하고 광택 있는 소재, 꽃 무늬나 도트 무늬, 레이스나 리본, 주름 장식 등이 많이 사용된다. 둥근 어깨, 잘록한 허리선 등 여성의 곡선미를 강조한 스타일이나 스쿨걸 스타일 등이 해당된다 그림 2.

- 이미지 : 여성적인, 섬세한, 상냥한, 사랑스러운, 부드러운
- 컬러 : 레드, 오렌지, 핑크 등 난색계열 / 라이트 톤, 페일 톤, 브라이트 톤
- 소재 및 패턴 : 벨벳, 오간자, 레이스, 시폰 / 꽃 무늬, 도트 무늬
- 아이템 : 프릴, 개더 원피스, 리본 블라우스, 레이스 스커트
- 스타일 : 인체의 곡선미를 강조한 스타일, 스쿨걸 스타일, 프린세스 스타일 등

그림 2 페미닌 이미지

2. 매니시 이미지

매니시 이미지(mannish image)는 남성복의 아이템이나 디자인을 여성복에 도입하여 남성적인 특징이 나타나며 합리적 감각, 자립심이 강한 여성의 이미지를 표현한다. 남성을 흉내 낸 것이 아니고 여성 패션 내에 남성적 요소를 도입한 이미지를 말한다. 남성 취향의 품위와 간결함이 나타나며, 어둡고 중후한 느낌의 컬러와 중량감 있고 치밀한 소재, 헤링본, 스트라이프, 체크 등의 패턴이 사용된다. 팬츠 슈트, 넥타이 등이 대표적인 아이템이며, 댄디 스타일, 보이시 스타일 등으로 세분화 되기도 한다 그림 3.

- 이미지 : 남성적인, 중후한, 딱딱한, 자립심 강한
- 컬러 : 네이비, 그레이, 블랙, 브라운 등 / 덜 톤, 다크 톤, 다크 그레이시 톤
- 소재 및 패턴 : 개버딘, 서지, 도스킨, 가죽 / 스트라이프, 글렌 체크, 플레이드
- 아이템 : 팬츠 슈트, 화이트 셔츠, 넥타이, 페도라
- 스타일 : 댄디 스타일, 보이시 스타일, 밀리터리 스타일

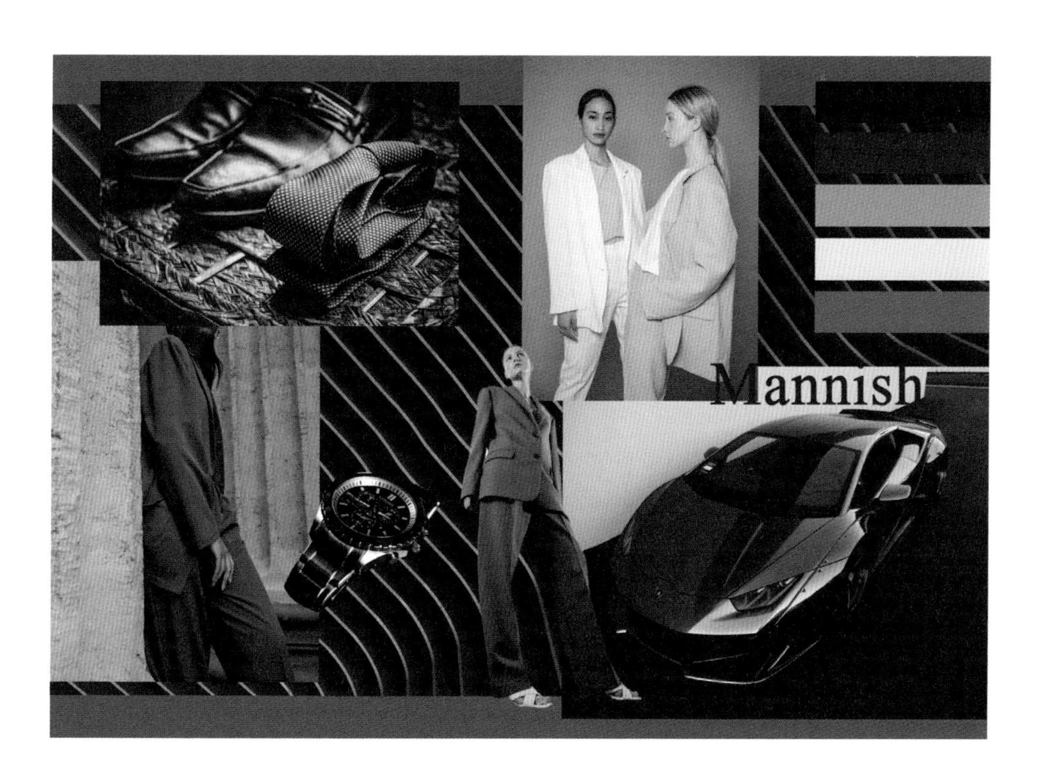

그림 3 매니시 이미지

3. 엘레강트 이미지

엘레강트 이미지(elegant image)는 귀족풍의 고급스러운 감각으로 세련된, 고상한, 격조 높은 등의 의미를 내포하고 있다. 품위 있고 성숙한 여성에게 어울리는 이미지로 세련된 디자인, 우아한 색, 좋은 소재 등이 특징적이다. 장식요소는 절제하면서 고급스러운 소재와 쿠튀르(couture) 풍의 재단을 통해 격조 높게 표현하는 감각이다. 강렬하지 않은 중간 톤의 색상이나 톤 다운된 컬러, 촉감이 부드럽고 은은한 광택이 있는 고급 소재가 사용된다. 쿠튀르 감각의 세련되고 정적인 분위기의 스타일이다 그림 4.

- 이미지 : 우아한, 여성스러운, 고상한, 격조 높은
- 컬러 : 와인레드, 퍼플, 블랙 / 딥 톤, 라이트 그레이시 톤, 그레이시 톤
- 소재 및 패턴 : 광택 있고 부드러운 벨벳, 태피터, 레이스 / 꽃무늬, 곡선 무늬
- 아이템 : 슬릿 스커트, 레이스 원피스
- 스타일 : 드레시 스타일, 드레이퍼리 스타일, 쿠튀르 감각의 스타일

그림 4 엘레강트 이미지

4. 스포티브 이미지

스포티브 이미지(sportive image)는 스포츠를 연상시키는 활동적인 스타일로 건강한, 활기찬, 적극적인 느낌을 준다. 건강미와 스포츠를 즐기는 감각을 표현하며 전문 스포츠 웨어에서 영감을 받아 데일리 룩의 형태로 표현한 경우가 많다. 기능성이 중시되며 활동성과 자유로움, 젊음을 강조한다. 컬러는 무채색을 포함하여 다양한 컬러와 톤이 가능한데, 선명한 색조가 많이 사용되는 편이며, 대조배색, 삼각배색 등 경쾌한 배색이 효과적이다. 소재는 신축성 섬유, 주름방지와 발수가공, 고흡습성 기능 섬유가 자주 사용된다 그림 5.

- 이미지 : 발랄한, 경쾌한, 활동적인
- 컬러 : 화이트, 블랙, 원색 계열 / 비비드 톤, 스트롱 톤, 브라이트 톤, 모노 톤
- 소재 및 패턴 : 니트, 저지, 다운, 폴리우레탄 신축 소재 / 스트라이프 무늬
- 아이템 : 다운 점퍼, 트레이닝 웨어, 스웨트 셔츠, 레깅스, 선캡, 고글, 비니
- 스타일 : 에스레저 스타일, 액티브 스포츠 스타일, 아웃도어 스포츠 스타일

그림 5 **스포티브 이미지**

5. 클래식 이미지

클래식 이미지(classic image)는 고전적, 전통적이라는 의미로 시대를 초월하는 보편적 가치를 지니고 있어 오랜 세월이 지난 뒤에도 사랑받는다. 연령대를 불문하고 많은 사람이 선호하는 스타일로 유행을 타지 않는 기본적인 스타일이 많다. 시대가 변해도 그 시대 감각이 첨가되어 부분적 변화만 있을 뿐, 극적인 유행성은 배제되어 있다. 어둡고 중후한 컬러, 치밀하고 촘촘한 조직감의 소재가 많이 사용되고, 다양한 체크나 스트라이프 패턴이 어울린다. 테일러드 슈트, 트렌치 코트, 샤넬 슈트 등이 대표적이다 **그림 6**.

- 이미지 : 고전적인, 전통적인, 보수적인, 안정된
- 컬러 : 네이비, 브라운, 카키, 블랙 등 / 다크 톤, 딥 톤, 다크 그레이시 톤
- 소재 및 패턴 : 개버딘, 하운즈투스 / 다양한 체크, 펜슬 스트라이프
- 아이템 : 테일러드 슈트, 트렌치 코트, 샤넬 슈트
- 스타일 : 유행을 타지 않는 기본 스타일, 컨서버티브 스타일, 트러디셔널 스타일

그림 6 클래식 이미지

6. 아방가르드 이미지

아방가르드 이미지(avant-garde image)는 '전위적인, 급진적인'의 뜻을 지니며, 1차 세계대전 무렵 유럽에서 발생한 혁신적인 예술운동에서 그 이름이 유래하였다. 독창적이고 전위적인 디자인이기 때문에 대중성을 무시한 스타일이 주를 이룬다. 기존 전통을 부정하며 전위적 감각으로 개성적이고 기이한 디자인을 추구한다. 실험적인 디자인이나 특이하고 독창적인 스타일, 자기만의 개성을 표현하고 싶을 때 아방가르드 이미지를 적절하게 활용할 수 있다 그림 7.

- 이미지 : 전위적인, 특이한, 독창적인
- 컬러 : 골드, 실버, 화이트, 블랙, 한색계열 컬러, 네온 컬러 등 / 뉴트럴 톤
- 소재 및 패턴 : 가죽, 메탈릭 소재, 하이테크 소재 등 / 기하학 패턴, 추상 패턴
- 아이템 : 비대칭 재킷, 건축적 형태감의 상의, 여성성과 남성성이 교차된 셋업
- 스타일 : 해체주의 스타일, 비정형화된 독특한 실루엣의 스타일

그림 7 아방가르드 이미지

7. 모던 이미지

모던 이미지(modern image)는 현대적인, 도시적인, 합리적인 감각으로 불필요한 장식을 줄인 단순한 디자인이 특징적이다. 대담하면서도 절제된 감각, 차갑고 세련된 느낌을 주며 날카로운 직선미, 합리적인 감각을 표현하기에 적합하다. 도시적이며 이지적인 느낌을 강조할 수 있는 무채색 계열이 자주 사용된다. 모던 이미지는 디자인이 단순하기 때문에 소재 감각이 중요하며 차가운 느낌, 치밀한 조직감의 소재가 잘 어울린다. 장식을 배제한 심플하고 절제된 스타일이 특징적이다 그림 8.

- 이미지 : 현대적인, 도시적인, 합리적인
- 컬러 : 화이트, 그레이, 블랙, 네이비 등 / 뉴트럴 톤
- 소재 및 패턴 : 개버딘, 서지, 소모, 가죽 등 / 스트라이프 패턴, 추상 패턴
- 아이템 : 미니멀 원피스, 팬츠 슈트, 펜슬 스커트
- 스타일 : 장식을 배제한 심플하고 절제된 스타일

그림 8 모던 이미지

8. 에스닉 이미지

에스닉 이미지(ethnic image)는 민속풍의 감각으로 세계 각국의 민속 의상과 민족 고유의 염색, 직물, 패턴, 액세서리 등에서 영감을 얻은 것이다. 민족 고유의 문화유산이나, 자연의 원시적 생명력, 미지의 신비로움에 대한 동경 등이 내포되어 있다. 민속적인, 토속적인, 전통의, 신비로운 감각을 표현하며 지역의 이름을 따서 동양풍은 오리엔탈, 열대지역 양식은 트로피컬 등과 같은 용어가 사용된다. 풍부한 컬러 톤, 대조배색 등이 사용되며 천연소재와 전통 패턴, 자연물 모티프의 패턴 등이 활용된다 **그림 9**.

- 이미지 : 민속적인, 토속적인, 전통의, 신비로운
- 컬러 : 레드, 블루, 샌드 컬러 등 / 딥 톤, 스트롱 톤
- 소재 및 패턴 : 린넨, 친츠, 사라사 / 이카트, 페이즐리, 기하학 패턴
- 아이템 : 튜닉 드레스, 페전트 블라우스, 치파오·기모노·사리 풍의 아이템
- 스타일 : 차이니즈 스타일, 아프리칸 스타일, 라틴 스타일, 무슬림 스타일

그림 9　에스닉 이미지

PRACTICE 패션 이미지와 감성 실습

관심 있는 이미지를 선정하고 인스피레이션과 패션 스타일 사진을 찾아 이미지 맵을 작성해 보자.

<table>
<tr><td rowspan="2">관심 있는
패션 이미지 선정
(두 가지 이상
복합 이미지도 가능)</td><td>페미닌</td><td>매니시</td><td>엘레강트</td><td>액티브</td><td>클래식</td><td>아방가르드</td><td>모던</td><td>에스닉</td></tr>
<tr><td></td><td></td><td></td><td></td><td></td><td></td><td></td><td></td></tr>
<tr><td>선정 이미지에 대한
인스피레이션 사진 찾기</td><td colspan="8"></td></tr>
<tr><td>선정 이미지의
패션 스타일 사진 찾기</td><td colspan="8"></td></tr>
<tr><td>이미지 맵 작성
(인스피레이션과
패션스타일링 사진 활용)</td><td colspan="8"></td></tr>
</table>

MEMO

패션 디자인 실무

PART 123

01

FASHION DESIGN PRACTICAL PROCESS

패션 디자인 실무 프로세스

패션 디자인실 업무는 상품의 디자인 기획, 디자인 개발, 디자인 상품화 과정으로 나뉠수 있다. 디자인 기획 단계는 정보 수집 및 분석, 디자인 콘셉트 설정 등이 있고, 디자인 개발 단계는 디자인 작업, 샘플 의뢰 과정이다. 마지막으로 디자인 상품화 단계는 품평회를 통한 셀렉션을 거쳐 대량 생산을 결정하게 된다.

1. 패션 디자인 기획

패션 디자인의 시즌 기획 단계에서는 정보 수집 및 분석을 통해 디자인 콘셉트를 설정한다. 짧은 경우 3~6개월 전부터, 길게는 6~9개월 전부터 시작된다. 디자인 기획(콘셉트, 스타일, 컬러, 소재, 아트워크) 단계는 정보 수집이 가장 중요하며, 패션정보사의 트렌드 자료, 소비자 동향 정보를 바탕으로 브랜드에 적용 가능한 트렌드 테마, 트렌드 아이템, 컬러, 소재, 문양에 대한 정보를 조사한다.

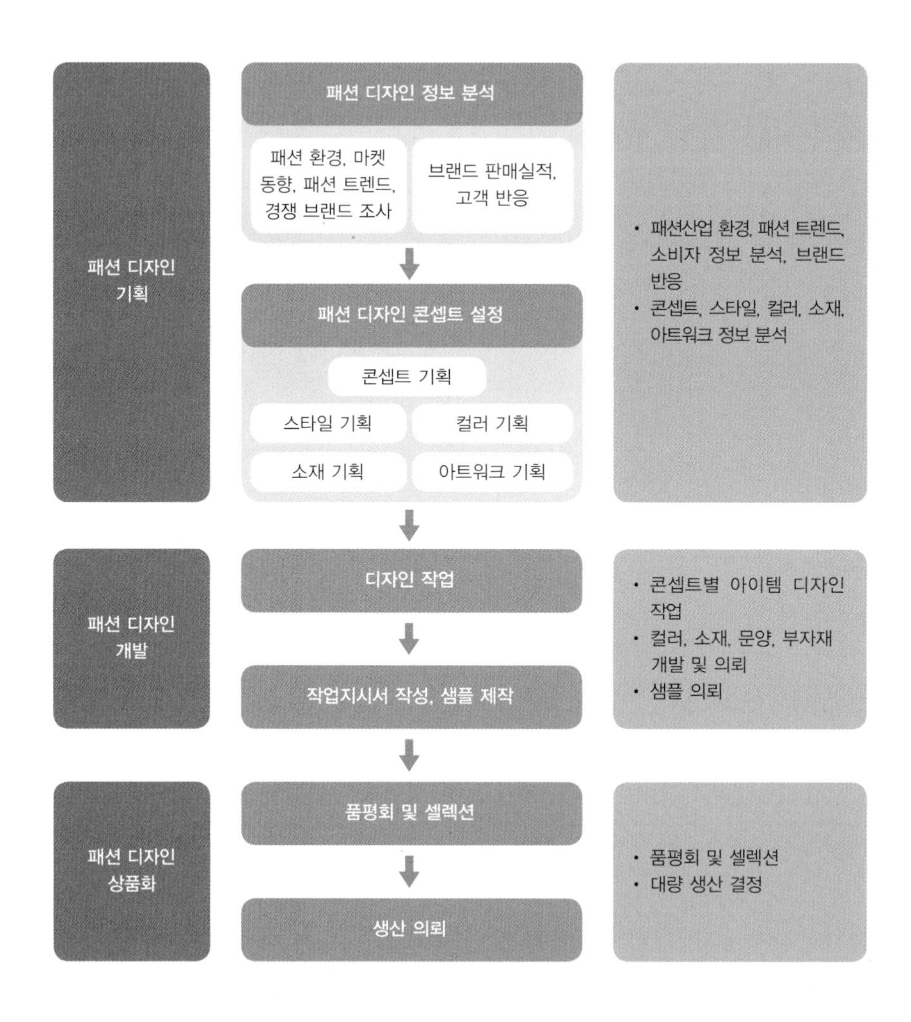

그림 1 패션 디자인 실무 프로세스

1) 패션 디자인 정보 분석

(1) 트렌드 정보 분석

시장과 소비자 동향 정보, 패션 산업 환경 정보, 패션 트렌드 정보를 분석한다. 패션 정보사는 소비자 동향과 복종별(여성복, 남성복, 영캐주얼, 스포츠, 아동, 이너웨어, 액세서리) 정보와 컬러, 소재, 테마, 스타일, 텍스타일 등으로 세분화되어 트렌드를 제안한다. 트렌드 정보지는 창의적 발상에 도움을 주는 정보를 담고 있고, 실무에서 정보지의 활용도는 매우 높아지고 있는 추세이다. 디자이너는 패션 전시회에서 제시된 원사, 소재, 컬러, 패션 아이템의 트렌드를 파악할 수 있고 이 모든 정보를 토대로 새로운 트렌드를 예측한다.

(2) 패션 컬렉션 분석

패션 컬렉션은 전 세계 주요 패션 도시의 패션위크 중 디자이너 브랜드들이 차기 시즌을 위한 패션 디자인을 선보이는 행사를 말한다. 세계 4대 컬렉션으로 런던, 밀라노, 파리, 뉴욕 컬렉션이 개최된다. 남성복은 매년 1월, 6월에, 여성복은 매년 2월, 9월에 개최된다. 최근에는 온라인 및 모바일을 통한 패션쇼를 실시간으로 생중계하는 등 패션 컬렉션 정보의 확산 속도가 점차 빨라지고 있다. 패션 디자인 정보 분석을 위해 패션 컬렉션의 전반적인 방향을 분석하고 벤치마킹(bench-marking)이 가능한 브랜드를 선정하여 분석한다 **그림 2**.

① 브랜드에 적합한 패션 컬렉션을 선정한다

브랜드의 콘셉트를 고려하여 브랜드에 적합한 패션 컬렉션을 선정한다. 패션 컬렉션 개최 후 온라인을 통해 컬렉션에 대한 기사, 컬렉션 이미지와 동영상 등의 형태로 컬렉션 정보를 수집할 수 있다.

② 패션 컬렉션을 테마별로 분류한다

패션 컬렉션의 패션 무드 정보를 분석하고 부각되는 무드를 파악하여 테마별로 컬렉션을 분류한다. 패션 테마는 소비자에게 전달하고자 하는 구체적인 메시지로, 패션 정보사에서 사용된 패션 테마의 명칭, 브랜드 컬렉션의 주제 등으로부터 수집된 정보를 바탕으로 테마명을 정한다.

그림 2 컬렉션 분석의 사례 : Versace 2018 S/S

③ 테마를 중심으로 실루엣, 아이템별로 분류한다

테마 내에서 전개하는 대표 실루엣과 주력 아이템을 찾아 분류한다. 이를 통해 브랜드의 차별화된 고유 실루엣과 아이템을 발견할 수 있다.

④ 테마를 중심으로 소재와 문양별로 분류한다

테마 내에서 전개하는 소재의 종류를 파악하고, 문양 경향 등을 파악하여 컬렉션을 분류한다. 이를 통해 브랜드의 차별화된 고유 소재와 문양의 방향성을 발견할 수 있다. 특히 문양은 브랜드의 차별성을 표현할 수 있는 요소로 브랜드 정체성을 나타내는 요소가 된다.

⑤ 테마를 중심으로 디테일과 모티프별로 분류한다

테마 내에서 전개하는 디테일의 특징을 파악하여 컬렉션을 분류한다. 이를 통해 브랜드의 차별화된 디테일을 발견할 수 있다.

또한 테마 내에서 전개하는 대표 로고, 대표 심벌, 상징적 이미지 등의 모티프를 분류한다. 분류된 모티프는 브랜드의 정체성을 나타내는 대표적인 시그니처 디자인(signature design)이 된다. 이 시그니처를 그래픽과 부자재, 액세서리에 적용한 사례를 조사한다.

⑥ 테마를 중심으로 컬러별로 분류한다

테마 내에서 전개하는 컬러 배색과 액센트 컬러를 조사한다. 이를 통해 브랜드의 차별화된 고유 컬러를 발견할 수 있고 문양에 컬러 배색을 적용하여 테마의 색채 통일성을 구성한다.

PRACTICE 1

세계적인 디자이너들의 컬렉션을 분석함으로써 컬렉션의 테마 전개 흐름을 알 수 있다. 컬렉션을 즐겨 보고 연구하는 것은 디자이너에게 매우 중요한 태도이다. 컬렉션을 테마로 분류하고, 각 테마 내에서 실루엣과 아이템, 문양, 디테일, 모티프, 컬러를 분석한다. 이를 통해 세계적인 패션 브랜드의 고유한 디자인 정체성을 발견하게 되고, 이를 트렌드에 적용한 방법을 분석할 수 있게 된다.

컬렉션(시즌)	실루엣/아이템	문양	디테일/모티프	컬러
테마명 1				
테마명 2				
테마명 3				

(3) 시장 조사

패션 디자인 기획을 위한 시장 조사 항목을 크게 콘셉트, 컬러, 소재, 아이템 등으로 구분하여 정확한 목표를 설정하고 시장조사에 임해야 한다. 모든 것을 다 보려고 하기보다는 목표를 설정하여 깊이 조사하는 것이 좋다. 목표에 따라 진열된 제품 정보를 촬영하고, 아이디어 스케치를 통해 정보를 모은다.

① 콘셉트 조사

시장 조사를 통해 각 브랜드가 자사의 고유 콘셉트을 유지하면서 매 시즌 패션 트렌드를 어떻게 적용하고 변화하는지 파악할 수 있다. 미리 시즌 트렌드에 대해 파악한다면 더욱 효율적으로 시장 조사를 수행할 수 있다. 패션 브랜드는 쇼윈도 디스플레이를 통해 브랜드의 콘셉트에 대한 메시지를 소비자에게 전달한다. 따라서 쇼윈도 디스플레이 조사를 중심으로 진행하고 이와 함께 매장내 디스플레이를 통해 콘셉트 구성을 조사한다 그림 3~4.

② 컬러 조사

컬러는 크게 색상별, 톤별로 구분하여 조사한다. 그리고 트렌드에 따라 등장하는 메인 컬러나 액센트 컬러를 조사한다. 매장 내 진열된 제품의 전체적인 컬러 분포, 컬러 배색, 아이템 간의 컬러 코디네이션을 관찰하고, 컬러 정보를 수집한다 그림 5~6.

3 4

그림 3 **콘셉트 조사(폴로 랄프로렌 윈도우 조사) 1**
그림 4 **콘셉트 조사(랄프로렌 컬렉션 윈도우 조사) 2**

5

6

그림 5 컬러 조사(베이지-옐로)
그림 6 컬러 배색 조사(베이지-오프화이트, 베이지-그레이)

③ 소재 조사

소재는 크게 원사 성분에 따른 분류와 문양에 따른 항목으로 나누어 조사한다. 원사 성분에 따른 아이템의 소재 방향, 매장 내 진열된 제품의 전체적인 소재 분포를 조사한다. 브랜드의 월별 소재 구성의 분포를 조사하고 가공과 텍스처의 소재 트렌드 정보를 조사한다. 문양은 브랜드의 차별성을 표현할 수 있는 중요한 요소로 문양에 대한 파악을 한다. 이와 함께 문양이 없는 단색의 솔리드 소재와 패턴의 분포도 조사한다 그림 7.

④ 아이템 조사

패션 브랜드는 디스플레이를 통해 브랜드의 주력 상품에 대한 정보를 소비자에게 전달하므로, 이를 통해 브랜드의 해당 시즌 주력 아이템을 파악할 수 있다. 매장 내 진열된 제품의 아이템별 비중을 관찰하고, 주력 아이템 디자인 정보를 수집한다 그림 8.

⑤ 액세서리 조사

패션 브랜드는 의류뿐 아니라 패션 액세서리도 함께 코디네이션하여 판매하는 경향으로, 매장 내 진열된 액세서리의 종류를 파악하고 액세서리 정보를 수집한다. 액세서리의 매장 내 진열 방법을 조사한다 그림 9~10.

⑥ 온라인 정보 수집

매장을 직접 방문하여 자료를 수집하는 방법 이외에 온라인 정보를 통해 시장 정보를 수집할 수 있다. 최근 패션 브랜드들이 온라인 매장 운영에 집중하고 있으므로, 브랜드에서 운영하는 웹사이트에 올려진 온라인 룩북(look book)과 온라인 매장을 통해 상품 정보를 수집한다 그림 11.

7

8

9

10

11

그림 7 소재 조사(폴리에스테르 원피스)
그림 8 아이템 조사(원피스)
그림 9 액세서리 조사
그림 10 액세서리 페이스 조사
그림 11 온라인 정보 조사

PRACTICE 2

디자이너에게 시장 조사를 통해 발견한 것을 기록하는 습관은 매우 중요하다. 목표에 따라 발견한 요소들을 스케치하거나 보고서로 작성하여 보관하도록 한다. 시장조사 후 스케치한 아이디어들은 디자이너에게 중요한 자산이 된다.

시장 조사 보고서

브랜드		이름	
시장 조사 시기		시장 조사 장소	
시장 조사 목표			
시장 조사 내용			
	적용할 점		

2) 패션디자인 콘셉트 설정

(1) 콘셉트 기획

국내외 트렌드 정보 및 시장 동향, 디자인 아이디어 자료를 활용하여 브랜드 콘셉트를 정하고, 이를 표현하는 이미지 맵을 바탕으로 아이디어를 전개한다.

① 창의적이고 독창적인 아이디어를 발상하며, 차별화된 콘셉트의 이미지와 키워드를 중심으로 아이디어 발상과 콘셉트 전개를 위한 자료를 수집한다.
② 콘셉트의 아이디어 발상 과정을 살펴보면 지역, 역사, 예술 등의 자료와 최근 패션에 적용된 사례를 수집하여 실루엣, 디테일, 컬러, 소재, 문양 등을 분석하고, 이를 바탕으로 아이디어를 발상한다.

(2) 스타일 기획

콘셉트를 표현할 수 있는 스타일 기획 방향을 바탕으로 아이템의 실루엣이나 디테일에 대한 아이디어를 구상한다. 매출을 주도할 수 있는 상품으로 스타일 기획이 이루어지므로 상품성 있는 디자인 아이디어를 전개한다.

① 콘셉트에 적합한 스타일을 수집하여 스타일 맵을 구성한다. 스타일 기획 방향을 중심으로 디자인 전개를 위한 세부적인 자료를 수집한다.
② 콘셉트에 적합한 아이템의 실루엣, 디테일을 찾아 스타일 맵을 구상한다. 컬렉션과 트렌드, 경쟁사의 정보를 수집한 후 차별화된 아이디어를 접목하여 스타일로 전개한다.

(3) 컬러 기획

콘셉트를 바탕으로 선정된 컬러 기획 방향에 따라 아이템 간의 다양한 컬러 코디네이션과 컬러 배색에 대한 아이디어를 발상한다.

① 컬러 방향에서 선정된 컬러 팔레트를 중심으로 색조와 색상을 조절한다.

② 컬러 방향에서 선정된 메인 컬러(main color), 서브 컬러(sub color), 액센트 컬러(accent color)를 중심으로 컬러를 구상한다.

③ 컬러를 활용하여 아이템 간의 컬러 코디네이션과 아이템 내 컬러 배색 및 컬러 비율을 구상한다.

(4) 소재 기획

콘셉트와 컬러 기획 방향을 중심으로 소재 기획 방향에 따라 세부적인 디자인 전개 방안을 구상한다. 소재의 재질감과 두께감, 문양을 고려하여 아이디어를 발상하고 소재 코디네이션을 구상한다.

① 소재 기획 방향에서 선정된 소재를 중심으로 아이템에 활용된 스타일 자료를 수집한다.

② 시즌별 두께감을 고려하여 아이템 간의 소재 코디네이션을 구상한다.

③ 문양을 중심으로 아이디어를 전개한다. 문양은 콘셉트를 차별화할 수 있고 콘셉트의 스토리를 표현하는 중요한 요소가 된다.

(5) 아트워크 기획

아트워크(artwork)는 프린트, 자수, 엠블렘(emblem), 와펜(wappen), 심벌 등 원부자재에 추가적인 장식을 위한 디테일 디자인이다. 브랜드 상징인 아트워크 모티프를 트렌드에 따라 다양한 아이디어로 디자인하고 개발할 수 있다. 시즌 아트워크 기획 방향에 따라 디자인을 변화시키면서 아이디어를 전개한다.

① 아트워크의 형태, 기법 등에 트렌드의 영향을 반영하여 아이디어를 전개한다.

② 프린트, 자수, 엠블렘, 와펜, 그래픽, 심벌 디자인 등의 아트워크을 개발한 후 디자인 도식화에 적용하여 디자인한다.

디자인 설정 단계	디자인 콘셉트 설정 방법	디자인 콘셉트 설정 예시
콘셉트 기획	브랜드 시즌 콘셉트 이미지 맵 전개 1. 콘셉트의 이미지를 중심으로 아이디어와 디자인 전개 자료 수집 2. 트렌드를 반영한 사례를 찾아 실루엣, 디테일, 컬러, 소재, 문양의 아이디어 수집	
스타일 기획	실루엣, 디테일의 형태에 대한 스타일 아이디어 수집 1. 콘셉트에 적합한 스타일을 수집하여 스타일 맵 구상 2. 컬렉션과 트렌드, 경쟁사의 정보를 수집하여 디자인성이 우수한 스타일 수집	
컬러 기획	색상의 컬러 코디네이션과 컬러 배색에 대한 아이디어 구상 1. 컬러 팔레트를 중심으로 색상과 색조를 조절 2. 컬러 코디네이션, 아이템 내 컬러 배색과 비율 구상 3. 메인 컬러, 서브 컬러, 악센트 컬러를 중심으로 구상	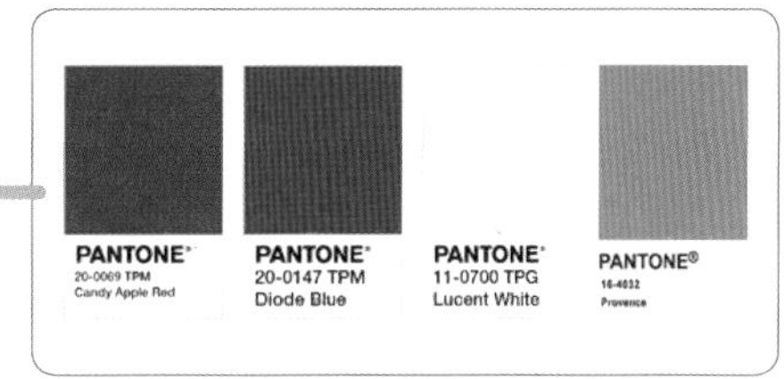
소재 기획	콘셉트와 컬러 방향을 바탕으로 소재의 재질감, 문양 아이디어 구상 1. 두께감을 고려한 아이템 간 소재 코디네이션 구상 2. 문양을 중심으로 아이디어 전개	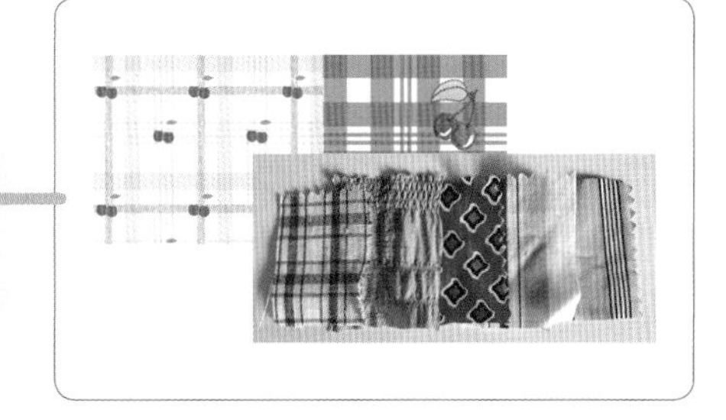
아트워크 기획	아트워크 모티프를 브랜드 상징과 트렌드에 따라 아이디어 구상 1. 아트워크의 형태, 컬러, 재질 등을 변화시키면서 아이디어 전개 2. 프린트, 자수, 와펜, 그래픽, 심벌 디자인 등의 아트워크를 개발하여 디자인 도식화에 적용	

그림 12 디자인 콘셉트 설정

PRACTICE 3

패션 브랜드는 디자인 콘셉트를 완성할 때 월별, 시즌별로 다양한 콘셉트를 보여준다. 브랜드마다 운영 방법이 다르지만 콘셉트를 한 명의 디자이너에게 맡겨 코디네이션의 완성도를 높이기도 하고, 또는 여러 명의 아이템 디자이너들이 콘셉트를 이해하고 아이템 디자인을 진행하기도 한다.
아래의 패션 디자인 콘셉트 설정 방법에 따라 콘셉트의 디자인을 단계별로 완성해 보도록 하자.

디자인 설정 단계	디자인 콘셉트 내용	디자인 콘셉트 설정
콘셉트 기획		
스타일 기획		
컬러 기획		
소재 기획		
아트워크 기획		

2. 패션 디자인 개발

디자인 개발 업무는 각 콘셉트별 디자인을 구상하여 아이템을 디자인하고, 컬러 BT(Beaker Test) 의뢰, 선염 시직 의뢰, 프린트와 아트워크 개발, 부자재를 개발한다. 채택된 디자인의 작업지시서를 작성하고 패턴 제작과 샘플 제작이 진행된다. 차기 시즌기획을 위한 정보 분석과 디자인 방향 설정을 위한 기획은 4주 이내로 하고, 디자인 개발 및 샘플 제작은 품평회까지 4~6주 정도의 기간이 소요되며, 품평회 및 셀렉션이 이루어지는 시점에 소재 발주가 시작된다.

1) 콘셉트별 아이템 디자인 구상

패션 아이템은 패션 의류 및 잡화에 해당되는 품목으로 단품 관리, 단품 코디네이션의 대상을 의미한다. 브랜드 마다 디자인 개발 운영방법은 다양하다. 회사에 따라 콘셉트 전체를 맡아 모든 아이템을 함께 디자인하거나 아우터, 스웨터, 팬츠 등의 전문 아이템 별로 디자인을 구상하기도 한다.

(1) 아이템 패션 트렌드 정보 수집

패션 정보사에서 제공하는 스타일 트렌드 정보는 실루엣, 아이템, 디테일 등에 관한 정보와 함께 스타일화, 도식화 등의 형태로 제공된다. 브랜드 콘셉트 정보와 시즌에 따라 변화하는 트렌드 스타일, 컬렉션 동향, 자사 브랜드의 스타일별 피드백에 관한 정보들을 고려하여 아이템을 선정한 후 디자인을 전개한다.

(2) 아이템 디자인 과정

콘셉트 방향이 확정된 후 각 아이템 디자이너들은 브랜드 콘셉트에 적합한 디자인을 시작하게 된다.

① 콘셉트 내에서 아이템의 컬렉션 사진이나 시장조사 자료 등을 수집하고 분류한다.

② 아이템의 형태를 이루는 실루엣과 세부적인 디테일을 분석한다.

③ 디테일의 변화를 모아보고 이를 스케치를 해본다.

④ 아이템 분석 후 콘셉트에 맞는 차별화된 아이템 디자인 스케치를 한다.

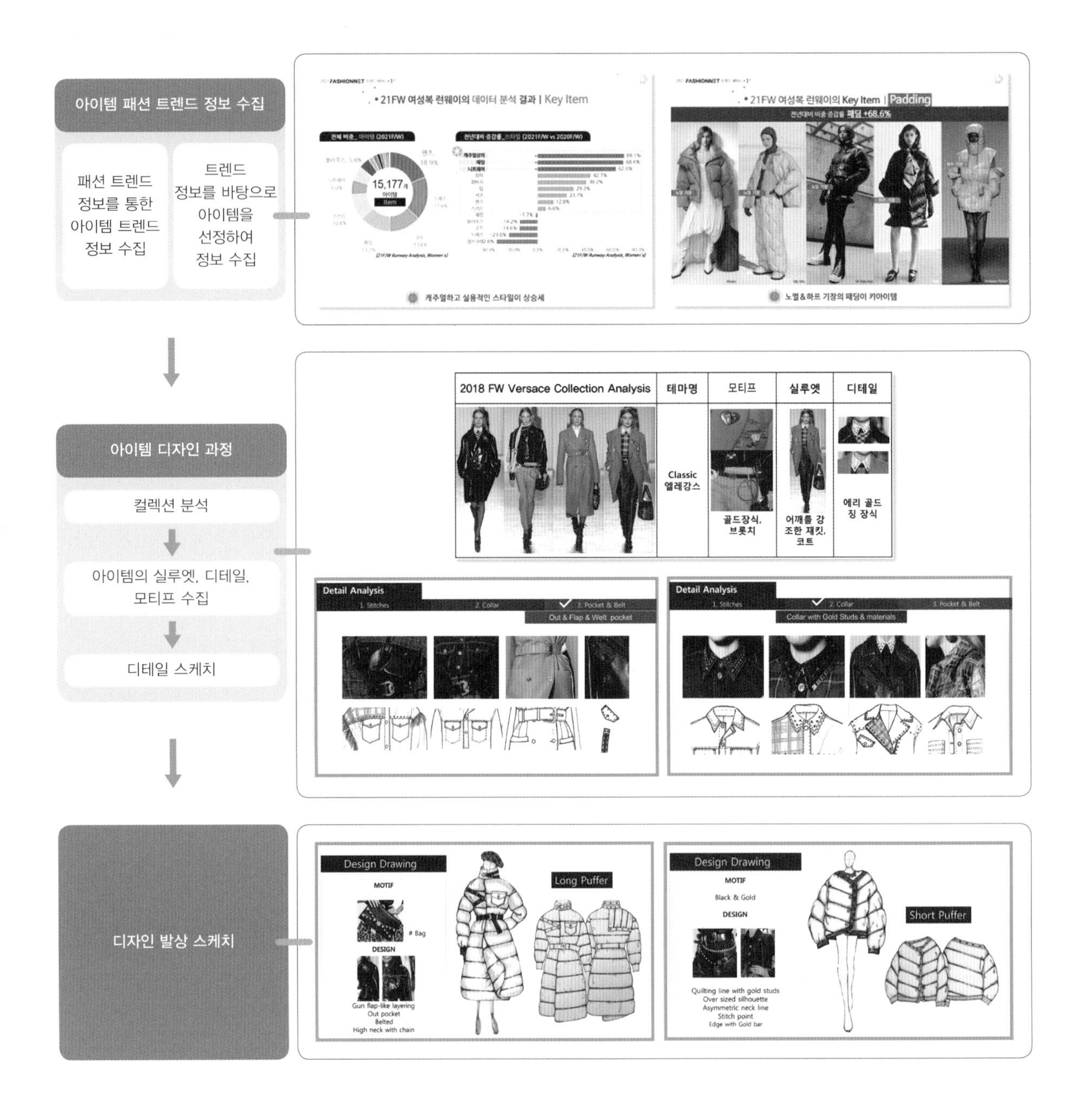

그림 13 아이템 디자인 구상 단계

2) 컬러 BT 의뢰

메인 원단을 염색하기 전 실험실에서 염료를 활용한 염료 데이터 기준을 잡는 단계이다. 메인 원단의 컬러가 생산되기 전 컬러의 톤을 평가하여 디자이너가 원하는 컬러가 나오도록 소통하는 과정이다.

(1) BT 의뢰 원단 스와치 준비

원단 스와치(swatch)의 상태로 컬러 스와치 샘플을 의뢰하거나, 팬톤(pantone) 컬러를 지정하여 의뢰하기도 한다. 또한 브랜드 내의 고유 컬러를 지정하여 꾸준히 사용하기도 한다 **그림 14~15**.

(2) BT 의뢰서 작성

BT 의뢰일, BT를 의뢰하는 스타일의 스타일 번호와 원단 스와치, 컬러명 등을 기재하는 BT 의뢰서를 작성한다.

3) 선염과 프린트 의뢰

(1) 선염 의뢰

선염(체크, 스트라이프)은 제직 기간이 오래 소요되기에 스케줄을 고려하여 의뢰한다. 면 체크 60일, 방모체크 90일이 소요되며, 스트라이프는 60일 정도 소요된다. 소요시간이 가장 많이 소요되는 선염 의뢰는 콘셉트와 컬러가 정해지면 가장 먼저 제직하여 의뢰하여야 한다 **그림 16**.

(2) 프린트 디자인

콘셉트에 적합한 프린트 자료를 수집하고, 프린트 도안을 컴퓨터 일러스트로 작업한다. 그리고 소재 디자이너와 소재를 상담 후 업체에 의뢰한다 **그림 17**.

그림 14 BT 의뢰
그림 15 BT 스와치 카드(고유 컬러 지정 사례)
그림 16 선염, 프린트 방향 설정
그림 17 선염 의뢰(컬러, 소재, 패턴 결정)

4) 아트워크와 부자재 개발 의뢰

(1) 아트워크 개발

아트워크는 배치와 사이즈 등을 고려하여 디자인 스케치를 한 후 모티프 도안을 그린다. 제작에 따른 기술적 문제점을 점검하고, 제작 단가를 협의한 후 견본 제작을 진행한다. 그래픽 전문가나 외부 업체에 의뢰하여 진행하기도 한다.

(2) 부자재 개발

부자재 전문업체가 제공하는 다양한 견본들 중에서 원단과의 적합성과 브랜드 콘셉트를 고려하여 부자재를 선정한다. 안감, 배색감, 실의 종류, 단추 등의 부자재 견본 및 제품 사양을 정확히 기재하여 개발을 의뢰한다. 지퍼는 시간이 가장 오래 소요되기에 업체에 필요한 재질과 컬러 샘플을 먼저 의뢰해야 한다 그림 18~19 .

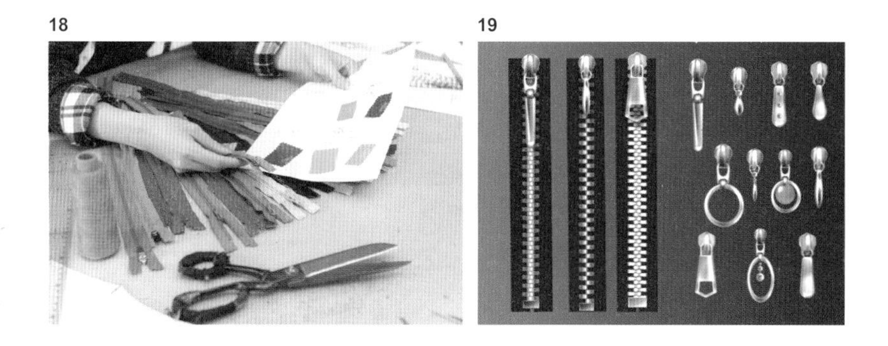

그림 18 원단과 지퍼 컬러 맞춤 의뢰
그림 19 지퍼 호수와 지퍼탭 의뢰

5) 작업지시서 작성

작업지시서는 디자인 기획 방향의 디자인 스케치를 제품으로 개발하기 위한 문서이다. 도식화와 소재 정보, 부자재 정보, 디자인 설명, 사이즈 스펙 등을 작성한다. 시제품 제작을 위해 패턴실과 샘플실을 거치면서 각 단계별 작업의 지침이 되는 자료이므로 시제품 제작에 필요한 주요 정보가 포함되어 있다. 이때 참고가 되는 견본이나 사진을 제시하여 디자인 의도를 설명하면 시제품 제작에 도움이 된다 그림 20.

(1) 스타일 관리 정보

스타일 관리 정보는 회사명, 브랜드명, 시즌, 월, 아이템, 시제품 번호, 담당 디자이너 이름, 작성일, 납기일 등을 말한다. 시제품 번호는 시제품 고유 번호에 해당하며, 회사마다 부여하는 시제품 번호의 규칙이 있어 브랜드명(브랜드 약자), 시즌, 월, 아이템, 순번의 정해진 코드를 조합하여 스타일 번호를 지정한다.

(2) 도식화

도식화는 디자이너의 아이디어가 제작 될 수 있도록 그림으로 표현한 옷의 설계도라 할 수 있다. 디자인을 이해할 수 있도록 옷의 구조와 형태를 자세하게 표현하여야 한다. 패션 실무에서 도식화는 디자이너, 패턴사, 재봉사 및 패션 생산 부서와의 의사소통에 있어 매우 중요한 역할을 한다. 도식화는 옷의 앞면, 뒷면을 표현하며, 옷의 핏(fit), 비율, 디테일, 부자재의 종류, 부착방법 등을 기록하여 패턴사와 샘플 제작 담당자들이 디자인의 전반을 이해할 수 있도록 해야 한다. 몸판 기장과 품의 비율을 고려하여 도식화를 그려야 하며, 되도록 보디(body)에 입혀 핏과 디테일의 위치를 고려하여 도식화를 그리는 것이 좋다.

(3) 디자인 설명

제품 개발에 있어 디자인이 의도대로 제작될 수 있도록 하기 위해서는 디자인의 핏, 디테일의 사이즈와 위치, 봉제방법, 스티치 간격, 부자재 종류와 부착방법, 배색감 사용 부분 등의 유의해야 할 사항들을 빠짐 없이 설명할 필요가 있다. 정확한 기록과 설명은 디자이너의 의도를 이해시키고 의사소통을 원활하게 하는데 있어 중요하다.

(4) 사이즈 스펙

사이즈 스펙(size spec)은 사이즈 설명서(size specification)의 약자로 제품의 각 부위별 사이즈를 측정하여 기록한다. 원하는 디자인의 부위별 사이즈를 기록하여 패턴사는 이를 바탕으로 패턴을 제작하고 샘플 제작사는 사이즈 기준에 적합하도록 견본을 제작한다. 시제품의 사이즈는 일반적으로 제품 사이즈 전개의 중간 사이즈로 제작하는 경우가 많다.

(5) 소재, 컬러 정보

디자이너는 소재 기획에서 선정된 소재를 중심으로 디자인에 적합한 소재를 결정한다. 선정된 소재는 작업지시서에 원단 스와치와 함께 소재의 업체명, 코드 번호, 혼용률, 원단 폭 등의 소재 정보를 표기한다. 컬러 정보는 겉감과 안감, 배색감 등의 컬러명을 표기하고 컬러 스와치를 부착한다.

(6) 부자재 정보

부자재는 소재를 제외한 의복을 생산하는 데 필요한 모든 자재를 말한다. 부자재는 디자인 콘셉트를 표현하기도 하며 디자인 요소 중 하나인 디자인 디테일의 요소가 되기도 한다. 또한 디자인 핏 표현과 소재 특성을 고려하여 부자재를 선택한다. 개수와 크기, 부자재 컬러, 부착되는 위치 등이 작업지시서에 정확하게 명시되는 것은 매우 중요하다. 한 스타일에 들어가는 부자재의 종류가 많으므로 누락되는 일이 없도록 점검하여야 한다.

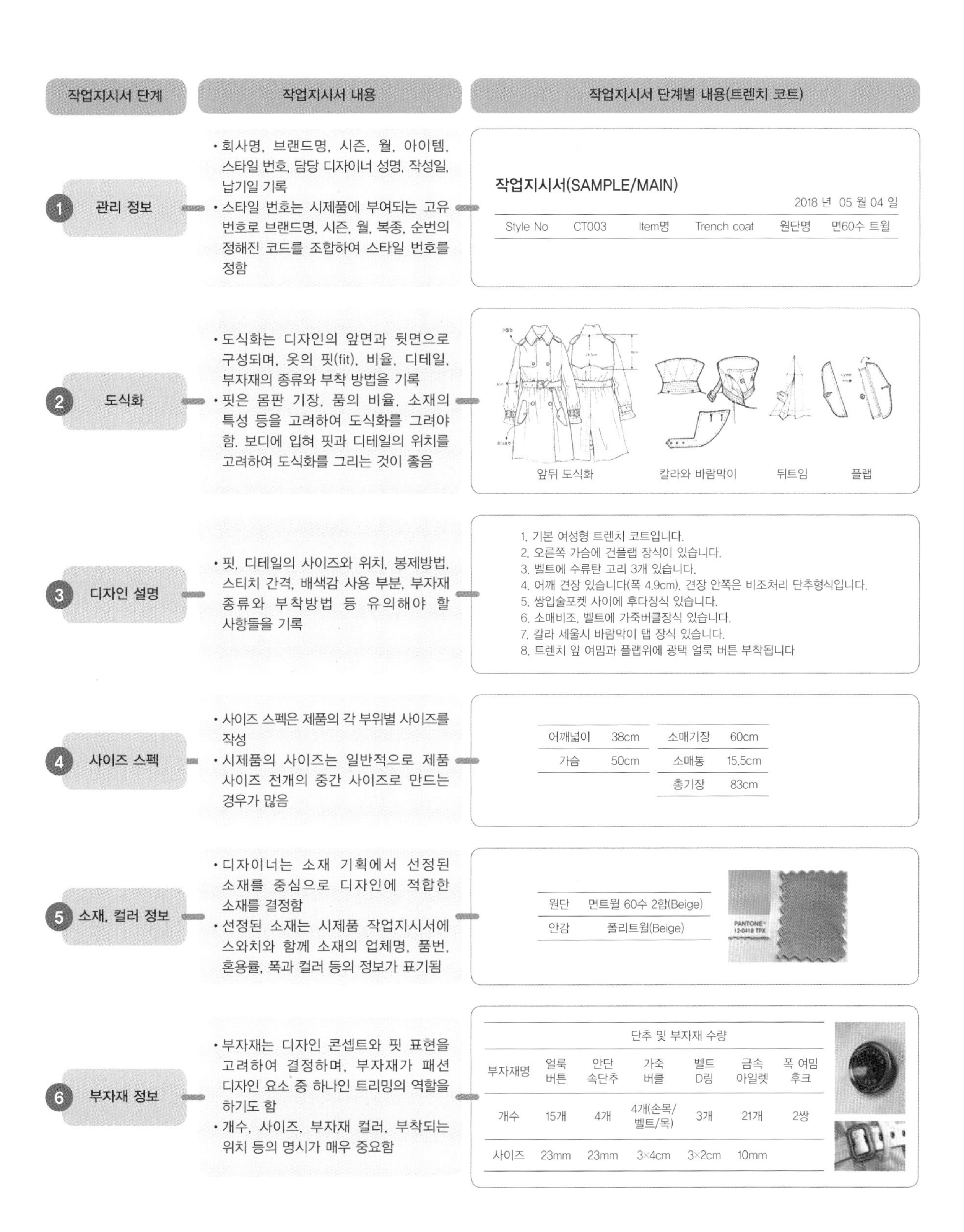

작업지시서 단계	작업지시서 내용	작업지시서 단계별 내용(트렌치 코트)
1 관리 정보	• 회사명, 브랜드명, 시즌, 월, 아이템, 스타일 번호, 담당 디자이너 성명, 작성일, 납기일 기록 • 스타일 번호는 시제품에 부여되는 고유 번호로 브랜드명, 시즌, 월, 복종, 순번의 정해진 코드를 조합하여 스타일 번호를 정함	작업지시서(SAMPLE/MAIN) 2018 년 05 월 04 일 Style No CT003 Item명 Trench coat 원단명 면60수 트윌
2 도식화	• 도식화는 디자인의 앞면과 뒷면으로 구성되며, 옷의 핏(fit), 비율, 디테일, 부자재의 종류와 부착 방법을 기록 • 핏은 몸판 기장, 품의 비율, 소재의 특성 등을 고려하여 도식화를 그려야 함. 보디에 입혀 핏과 디테일의 위치를 고려하여 도식화를 그리는 것이 좋음	앞뒤 도식화 / 칼라와 바람막이 / 뒤트임 / 플랩
3 디자인 설명	• 핏, 디테일의 사이즈와 위치, 봉제방법, 스티치 간격, 배색감 사용 부분, 부자재 종류와 부착방법 등 유의해야 할 사항들을 기록	1. 기본 여성형 트렌치 코트입니다. 2. 오른쪽 가슴에 건플랩 장식이 있습니다. 3. 벨트에 수류탄 고리 3개 있습니다. 4. 어깨 견장 있습니다(폭 4.9cm). 견장 안쪽은 비조처리 단추형식입니다. 5. 쌍입술포켓 사이에 후다장식 있습니다. 6. 소매비조, 벨트에 가죽버클장식 있습니다. 7. 칼라 세울시 바람막이 탭 장식 있습니다. 8. 트렌치 앞 여밈과 플랩위에 광택 얼룩 버튼 부착됩니다
4 사이즈 스펙	• 사이즈 스펙은 제품의 각 부위별 사이즈를 작성 • 시제품의 사이즈는 일반적으로 제품 사이즈 전개의 중간 사이즈로 만드는 경우가 많음	어깨넓이 38cm / 소매기장 60cm 가슴 50cm / 소매통 15.5cm 총기장 83cm
5 소재, 컬러 정보	• 디자이너는 소재 기획에서 선정된 소재를 중심으로 디자인에 적합한 소재를 결정함 • 선정된 소재는 시제품 작업지시서에 스와치와 함께 소재의 업체명, 품번, 혼용률, 폭과 컬러 등의 정보가 표기됨	원단 면트윌 60수 2합(Beige) 안감 폴리트윌(Beige) PANTONE 12-0418 TPX
6 부자재 정보	• 부자재는 디자인 콘셉트와 핏 표현을 고려하여 결정하며, 부자재가 패션 디자인 요소 중 하나인 트리밍의 역할을 하기도 함 • 개수, 사이즈, 부자재 컬러, 부착되는 위치 등의 명시가 매우 중요함	(단추 및 부자재 수량 table below)

단추 및 부자재 수량

부자재명	얼룩 버튼	안단 속단추	가죽 버클	벨트 D링	금속 아일렛	폭 여밈 후크
개수	15개	4개	4개(손목/벨트/목)	3개	21개	2쌍
사이즈	23mm	23mm	3×4cm	3×2cm	10mm	

그림 20 작업지시서 단계별 내용

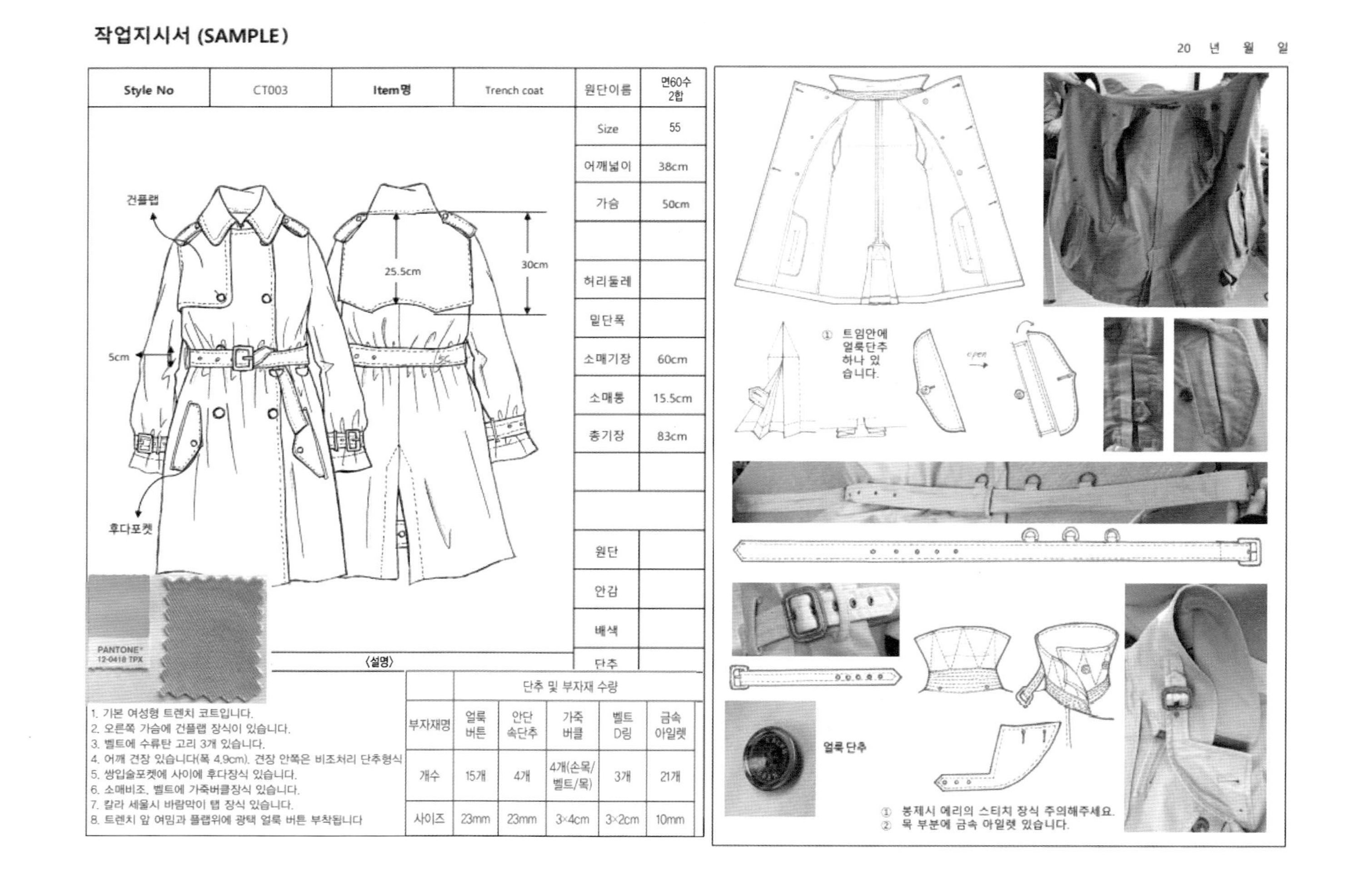
작업지시서 (SAMPLE)

20 년 월 일

Style No	CT003	Item명	Trench coat	원단이름	면60수 2합
				Size	55
				어깨넓이	38cm
				가슴	50cm
				허리둘레	
				밑단폭	
				소매기장	60cm
				소매통	15.5cm
				총기장	83cm
				원단	
				안감	
				배색	
				단추	

〈설명〉

1. 기본 여성형 트렌치 코트입니다.
2. 오른쪽 가슴에 건플랩 장식이 있습니다.
3. 벨트에 수류탄 고리 3개 있습니다.
4. 어깨 견장 있습니다(폭 4.9cm). 견장 안쪽은 비조처리 단추형식
5. 쌍입술포켓에 사이에 후다장식 있습니다.
6. 소매비조, 벨트에 가죽버클장식 있습니다.
7. 칼라 세울시 바람막이 탭 장식 있습니다.
8. 트렌치 앞 여밈과 플랩위에 광택 얼룩 버튼 부착됩니다

	단추 및 부자재 수량				
부자재명	얼룩 버튼	안단 속단추	가죽 버클	벨트 D링	금속 아일렛
개수	15개	4개	4개(손목/벨트/목)	3개	21개
사이즈	23mm	23mm	3×4cm	3×2cm	10mm

그림 21 작업지시서 예시

PRACTICE 4

작업지시서는 디자인을 상품화하기 위한 중요한 문서이다. 작업지시서에 명시된 내용에 따라 시제품이 제작되기에 정확성을 요한다. 또한 여러 부서가 이해할 수 있는 정확한 디자인 의도를 설명하는 연습을 해야 한다.

작업지시서

제작의뢰일자 . .

브랜드	스타일 NO.	아이템명	작업처	완성 요청일	디자이너명	실장명	

SIZE SPEC

부위	지시서	견본	증감

SWATCH

〈설명〉

6) 패턴 및 샘플 제작

시제품 샘플은 상품화할 스타일을 선택하기 위해 품질이나 형태를 볼 수 있도록 견본으로 제작하는 샘플이다. 샘플을 통해 디자인상의 문제나 원단 수축 여부 등을 사전에 찾아 수정하고, 본 생산에서 이를 참고하여 완성도 높은 상품을 만들기 위해 제작된다.

(1) 샘플 제작에 참고할 자료 준비

① 디자인의 의도를 설명할 수 있는 사진 자료를 준비한다

디자이너가 원하는 실루엣과 디테일의 형태를 파악할 수 있는 사진 자료를 제시하면 패턴을 제작할 때 도움이 될 수 있다 그림 22.

② 디자인을 참고할 샘플을 준비한다

샘플 제작을 위한 참고용 샘플을 제시하는 것이 가장 확실한 방법이다. 디자이너가 직접 착용하여 핏을 확인하고, 디테일의 크기, 내부 사양, 봉제방법 등을 참고할 수 있는 샘플이 매우 효과적이다 그림 23.

22

23

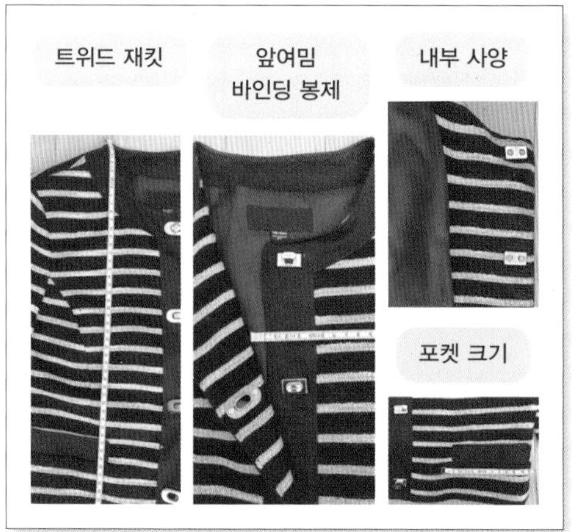

그림 22 트위드 재킷 참고 사진 제시(시장 조사 사진)
그림 23 트위드 재킷 참고 샘플 제시(실측과 디테일 사진)

(2) 샘플 의뢰를 위한 원부자재 준비

① 채택된 디자인의 샘플을 위한 원단을 준비한다

샘플을 제작하기 위한 원단은 소재 업체에서 시제품을 제작할 정도의 원단을 제공한다. 원하는 컬러의 샘플 원단이 없을 경우 유사한 컬러와 중량을 가진 원단을 구매하여 샘플 제작을 의뢰한다 그림 24.

② 채택된 디자인의 샘플을 위한 원부자재를 준비한다

원단에 적합한 부자재의 종류와 특징을 파악하여 필요한 단추, 지퍼, 안감 등을 준비한다. 부자재는 시제품을 제작할 수 있는 분량의 견본을 부자재 업체에 미리 의뢰해야 한다. 부자재별 샘플 제작 소요 시간이 다르므로 시간이 가장 길게 소요되는 지퍼는 가장 먼저 의뢰하여야 한다 그림 25.

24

25

원부자재 리스트

TC 01H　　2018 년 5 월 4 일

겉감	안감	핑 코드감
배색 안감	지퍼(골드)	버튼

그림 24 트위드 재킷 원단 준비
그림 25 원부자재 리스트 작성

(3) 패턴실 및 샘플 개발실 업무 협조

① 패턴실과의 업무 협조를 요청한다

샘플 개발 의뢰 시 패턴사와의 의사소통은 중요한 작업이므로 디자이너의 의도를 충분히 설명하는 것이 필요하다. 샘플 제작 납기일을 체크하여 패턴 완성 일정을 정하고, 패턴실이 과부하가 생기지 않도록 스케줄을 관리하며 패턴을 넘긴다.

② 샘플 개발실과의 업무 협조를 요청한다

샘플 개발실의 업무 현황을 파악하고 제작 가능한 수량과 납기일을 사전에 의논하여 협조를 구한다. 샘플 개발실 의뢰 일정을 정하고 패턴이 완성됨과 동시에 원부자재가 미리 준비되어 샘플 투입이 진행되도록 하여야 한다. 원부자재 투입이 지연되지 않도록 디자이너는 스케줄을 관리하도록 한다.

그림 26 패션디자인 샘플 제작 단계

3. 패션 디자인 상품화

디자인 상품화 업무는 품평회를 통해 상품을 선택하고 이를 대량생산하는 과정이다. 이 단계에서는 개발된 상품이 생산부를 중심으로 각 지역에서 벤더, 프로모션, OEM 방식을 통해 생산된다. 벤더(vendor)는 바이어로부터 의류 생산 주문을 받아 주문받은 제품의 원부자재를 구매하여 해외 생산기지에 보내 완제품을 출고시키는 방식이다. 프로모션(promotion)은 샘플을 의뢰하여 생산을 진행해 주는 업체를 말하며, 프로모션 업체의 아이템 강점을 활용하여 생산을 의뢰하게 된다. OEM(Original Equipment Manufacturing)은 의류 업체로부터 디자인과 생산 오더를 받아 생산하는 방식으로, 생산업체에서는 봉제 작업만을 담당하는 생산 형태를 말한다.

1) 품평회 및 셀렉션, 소재 발주

(1) 품평회 및 셀렉션

품평회는 상품의 콘셉트나 상품 기획 방향, 차기 시즌의 패션 트렌드 등을 설명한다. 브랜드의 컬렉션을 전시하여 시즌 제품을 진열하고 의사결정 관계자들을 초청하여 전시된 제품에 대하여 설명한다. 이후 셀렉션을 통해 의견을 수렴하여 차기 시즌 상품을 선택한다.

(2) 소재업체, 컨버터 미팅

소재 디자이너는 소재 기획을 위해 트렌드 정보와 전시회, 소재 컨버터(converter)를 통해 소재 트렌드 정보를 얻게 된다. 컨버터는 트렌드를 반영한 소재를 기획 및 개발하여 소재 제조업체에게 생산을 의뢰하고, 패션 브랜드에 소재를 납품하는 소재 가공 판매자를 말한다. 빠르게 정보를 수집해야 하며, 거래처별 특성을 이해하고 이를 브랜드에 제안하는 능력이 필요하다.

27

28

그림 27 상품 셀렉션
그림 28 소재 업체 방문

2) 대량 생산 결정

대량생산을 결정하는 아웃소싱(out-sourcing)은 패션 브랜드에서 완제품이나 생산 공정의 일부를 외부업체에 의뢰하여 제품을 공급받는 방식을 말한다. 시즌별 본 생산 외에 트렌드에 맞춘 보완 상품(spot) 생산과 리오더 상품(reorder) 생산의 리드 타임(lead time)을 단축시키는 유용한 생산 방식이다. 생산 리드 타임(lead time)은 브랜드에서 상품을 디자인 개발하여 소비자가 구입하기까지 소요되는 시간으로 보통 6개월에서 1년 정도가 소요된다. 이처럼 생산 주문이 나온 후 제품이 완성되어 출고가 가능한 상태가 될 때까지의 필요 시간을 말한다 그림 29.

(1) 임가공

임가공(Original Equipment Manufacturing, OEM)은 패션 브랜드에서 디자인과 생산 오더를 받아 생산하는 방식으로, 브랜드는 시즌 콘셉트에 맞게 디자인을 하여 원자재, 부자재를 발주하고, 재단과 봉제 등을 실시할 임가공업체을 선정하여 생산하도록 하는 방식이다. 생산업체는 봉제 작업만 진행하고 원부자재를 브랜드가 직접 발주하고 구매하여 생산 업체에 제공한다.

(2) CMT

재단, 봉제, 가공의 생산공정을 전문으로 담당하는 임가공업체를 지칭하는 용어이다. CMT(Cutting, Making, Trimming) 방식은 원단 등의 중요한 원자재는 패션 브랜드에서 공급하고, 기본 부자재는 생산 업체에서 조달하여 봉제하는 생산방식이다.

(3) 완사입

완사입(Original Development Manufacturing, ODM)은 패션 브랜드의 디자인 방향만 제안하고 생산업체에게 제품 디자인과 생산까지 모두 진행하는 방식이다. 상품의 생산을 위탁함으로써 원부자재의 구매와 생산까지 진행하고 완성된 제품을 책임진다. 패션 브랜드가 그 제품을 자신의 브랜드명으로 판매하는 생산방식을 말한다.

(4) 아이템 프로모션

프로모션(promotion) 업체는 시장조사를 통해 패션 브랜드의 콘셉트에 맞는 상품성 있는 샘플을 구입하여 제시하고 원단, 부자재, 디테일 등을 일부 변경하여 생산하도록 하는 방식이다. 이는 브랜드의 디자인개발 비용을 절감하고 판매 리스크를 줄일 수 있는 장점이 있다. 의류업체는 프로모션의 강점 아이템을 활용하여 생산을 의뢰하고 스웨터, 아우터, 액세서리, 모피 등과 같은 아이템 프로모션 업체가 있다.

(5) 의류 벤더

벤더(vendor)는 바이어로부터 의류 제작 주문을 받아 제품의 원부자재를 구매하여 해외 생산지에 보내어 완제품을 출고시킨다. 생산처의 강점과 패션 브랜드의 생산 테크니컬 기술에 대한 정보를 획득하고 생산지를 결정하게 된다. 통상 패션 브랜드의 의류 생산을 주문받아 생산 관리하는 업체를 '의류 무역 벤더'라고 지칭한다.

패션 디자인 프로세스			2월	3월	4월	5월	6월	7월	8월	9월
패션 디자인 기획	정보 분석	환경, 시장 소비자 정보			S			S		
		패션트렌드, 경쟁 브랜드 조사	FW 여성 컬렉션	SS 트렌드 설명회				SS 남성 컬렉션	FW 트렌드 설명회	SS 여성 컬렉션
	콘셉트 설정	콘셉트 기획		F 콘셉트 기획			W 콘셉트 기획			
		컬러 기획		F 컬러 기획			W 콘셉트 기획			
		소재 기획			F 소재 기획 / F 선염 의뢰		W 소재 기획	W 선염 의뢰		
		스타일 기획			F 스타일 기획			W 스타일 기획		
패션 디자인 개발	디자인 작업				F 디자인 & 드로잉			W 디자인 & 드로잉		
	작업지시서 작성 샘플 의뢰 & 제작		Su 샘플 의뢰			F 작업지시서, 샘플 의뢰			W 작업지시서, 샘플 의뢰	
	품평회 및 셀렉션			Su 품평회, 셀렉션			F 품평회, 셀렉션			W 품평회, 셀렉션
패션 디자인 상품화	생산 의뢰	원부자재 발주	Su 원부자재 발주			F 원부자재 발주			W 원부자재 발주	
		대량 생산		Su 대량 생산			F 대량 생산			W 대량 생산
		생산제품 입고			Su 입고			F 입고		

그림 29 **월별 패션 실무 스케줄**

02

APPAREL DESIGN DEVELOPMENT CASE

패션 상품 디자인 개발 사례

패션 상품은 패션 트렌드와 소비자에 대한 정보 분석을 한 후, 콘셉트를 설정하고 디자인 작업을 하는 디자인 기획과 개발 단계를 거친다. 그 다음 작업지시서를 작성하고 샘플을 의뢰 · 점검한 후 생산에 들어간다. 본 장에서는 베이식 아이템 중 하나인 트렌치 코트와 스포츠 룩으로 많이 입는 레깅스를 예로 하여 디자인 개발 사례를 제시한다.

1. 여성복 트렌치 코트 디자인

1) 트렌드 조사

패션 정보사의 시즌 테마와 컬러,소재의 트렌드 경향을 수집하고, 편안한 미니멀리즘 감성을 표현한 소프트한 스타일 분석 정보와 뉴트럴한 중심의 컬러를 예측한 트렌드 정보를 조사함

2) 이미지 맵

Classic & Minimalism 콘셉트로 연상되는 패션 이미지와 컬러, 문양, 소재, 실루엣 맵 제작

3) 스타일 맵

정보지, 컬렉션 & 브랜드 조사, 시장 조사를 통해 스타일 전개 가능 후보를 수집

4) 컬렉션 분석

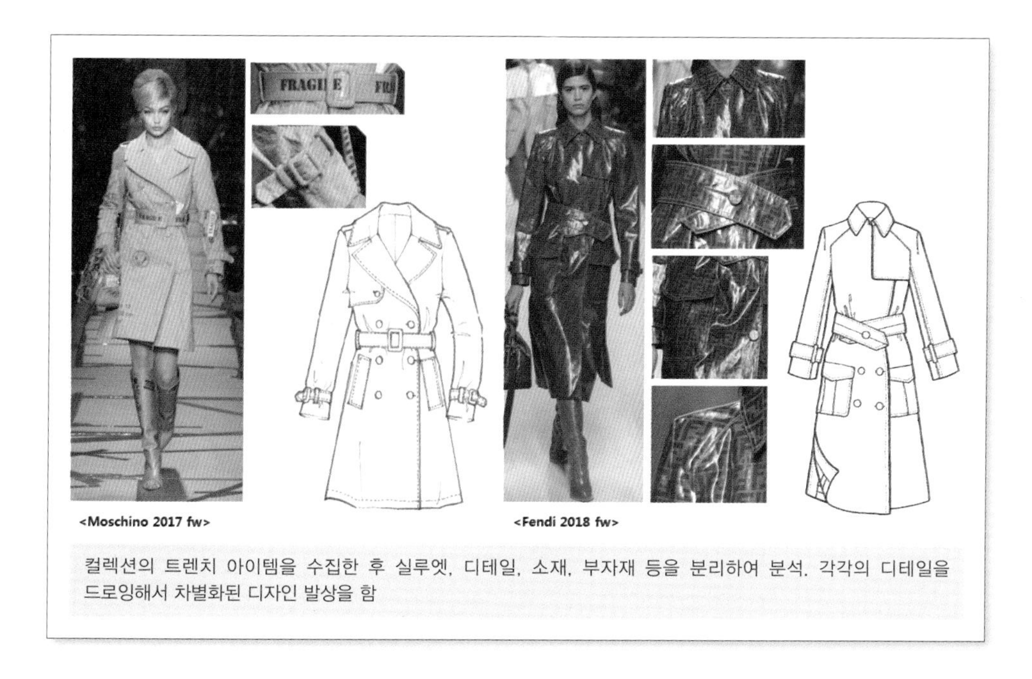

5) 작업지시서 작성

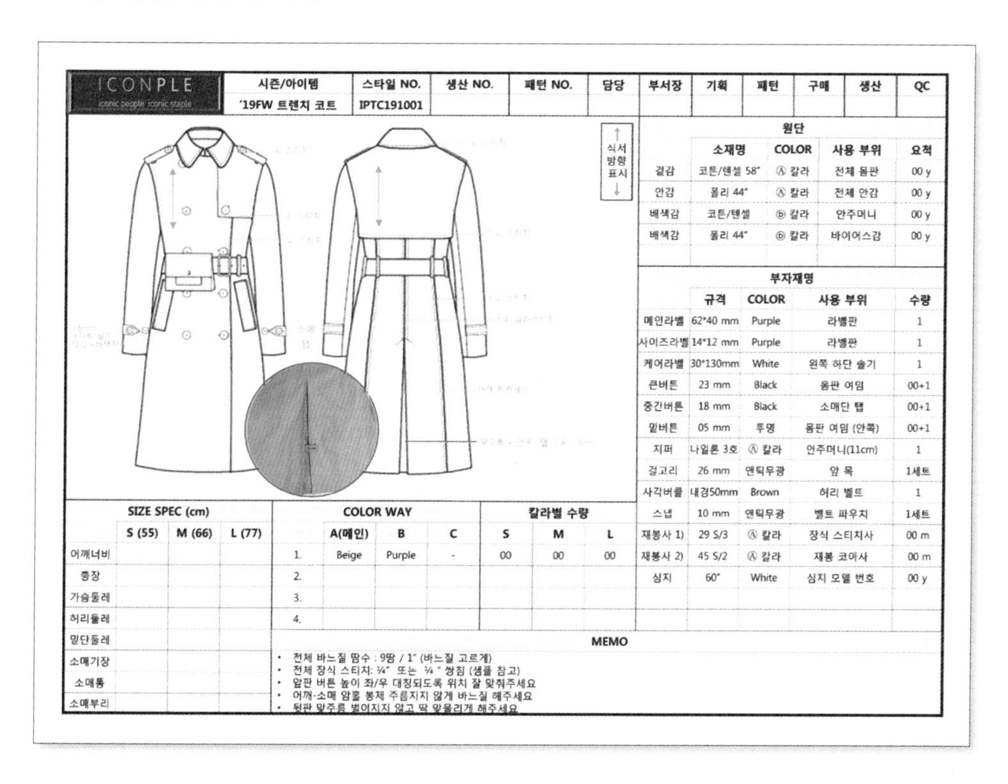

ICONPLE
iconic people iconic staple

시즌/아이템	스타일 NO.	생산 NO.	패턴 NO.	담당	부서장	기획	패턴	구매	생산	QC
'19FW 트렌치 코트	IPTC191001									

식서 방향 표시

원단

	소재명	COLOR	사용 부위	요척
겉감	코튼/텐셀 58"	Ⓐ 칼라	전체 몸판	00 y
안감	폴리 44"	Ⓐ 칼라	전체 안감	00 y
배색감	코튼/텐셀	ⓑ 칼라	안주머니	00 y
배색감	폴리 44"	ⓑ 칼라	바이어스감	00 y

부자재명

	규격	COLOR	사용 부위	수량
메인라벨	62*40 mm	Purple	라벨판	1
사이즈라벨	14*12 mm	Purple	라벨판	1
케어라벨	30*130mm	White	왼쪽 하단 솔기	1
큰버튼	23 mm	Black	몸판 여밈	00+1
중간버튼	18 mm	Black	소매단 탭	00+1
밑버튼	05 mm	투명	몸판 여밈 (안쪽)	00+1
지퍼	나일론 3호	Ⓐ 칼라	안주머니(11cm)	1
걸고리	26 mm	앤틱무광	앞 목	1세트
사각버클	내경50mm	Brown	허리 벨트	1
스냅	10 mm	앤틱무광	벨트 파우치	1세트
재봉사 1)	29 S/3	Ⓐ 칼라	장식 스티치사	00 m
재봉사 2)	45 S/2	Ⓐ 칼라	재봉 코아사	00 m
심지	60"	White	심지 모델 번호	00 y

SIZE SPEC (cm)	S (55)	M (66)	L (77)
어깨너비			
총장			
가슴둘레			
허리둘레			
밑단둘레			
소매기장			
소매통			
소매부리			

COLOR WAY	A(메인)	B	C	칼라별 수량 S	M	L
1.	Beige	Purple	-	00	00	00
2.						
3.						
4.						

MEMO

- 전체 바느질 땀수 : 9땀 / 1" (바느질 고르게)
- 전체 장식 스티치: ¼" 또는 ¼ " 쌍침 (샘플 참고)
- 앞판 버튼 높이 좌/우 대칭되도록 위치 잘 맞춰주세요
- 어깨-소매 암홀 봉제 주름지지 않게 바느질 해주세요
- 뒷판 맞주름 벌어지지 않고 딱 맞물리게 해주세요

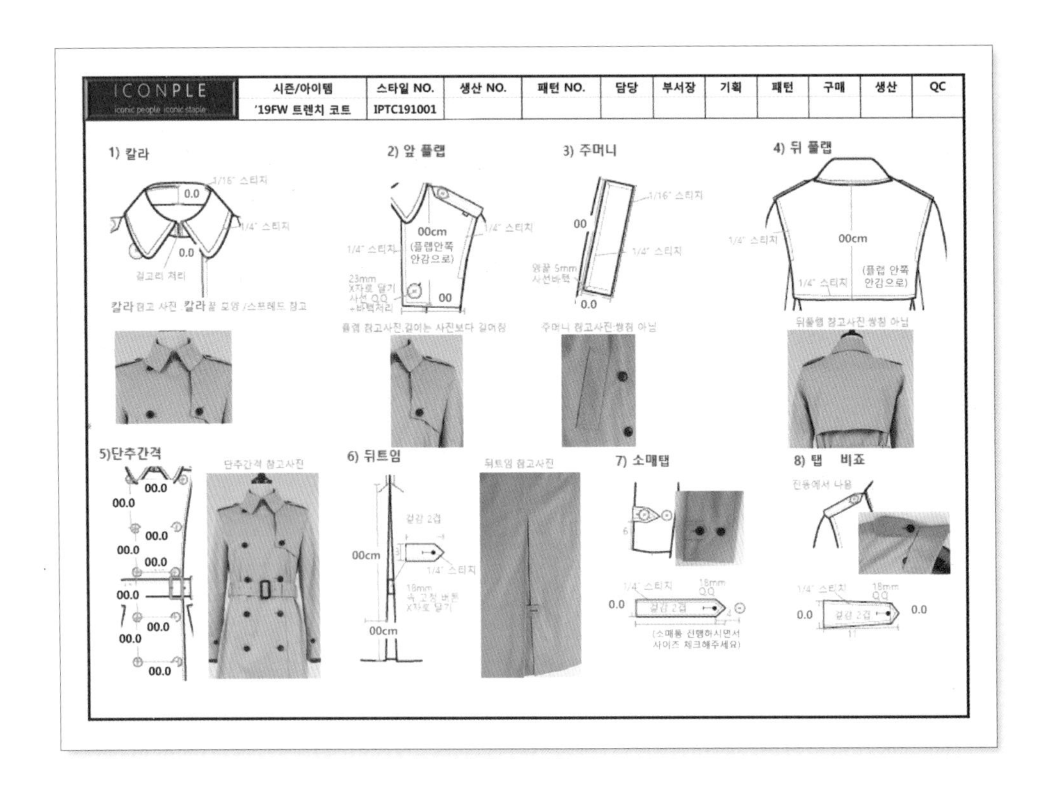
ICONPLE
시즌/아이템
'19FW 트렌치 코트
스타일 NO.
IPTC191001
생산 NO.
패턴 NO.
담당
부서장
기획
패턴
구매
생산
QC
1) 칼라
1/16" 스티치
1/4" 스티치
걸고리 처리
칼라 참고 사진 칼라 끝 모양 /스프레드 참고
2) 앞 플랩
00cm
(플랩안쪽 안감으로)
1/4" 스티치
플랩 참고사진 길이는 사진보다 길어짐
3) 주머니
1/16" 스티치
1/4" 스티치
주머니 참고사진-핑킹 아님
4) 뒤 플랩
1/4" 스티치
00cm
(플랩 안쪽 안감으로)
뒤플랩 참고사진 쌍침 아님
5)단추간격
단추간격 참고사진
6) 뒤트임
00cm
1/4" 스티치
뒤트임 참고사진
7) 소매탭
1/4" 스티치
18mm
(소매통 신행하시면서 사이즈 체크해주세요)
8) 탭 비죠
1/4" 스티치
18mm

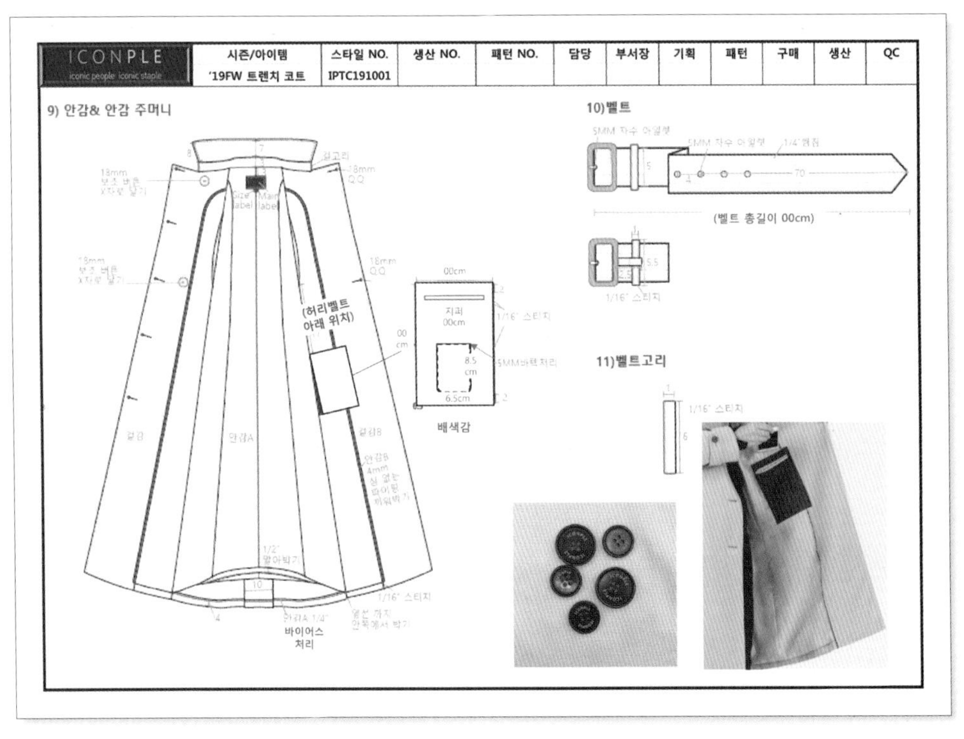
ICONPLE
시즌/아이템
'19FW 트렌치 코트
스타일 NO.
IPTC191001
생산 NO.
패턴 NO.
담당
부서장
기획
패턴
구매
생산
QC
9) 안감& 안감 주머니
Size label
Main label
(허리벨트 아래 위치)
배색감
1/16" 스티치
바이어스 처리
10)벨트
(벨트 총길이 00cm)
1/16" 스티치
11)벨트고리
1/16" 스티치

6) 원부자재 리스트

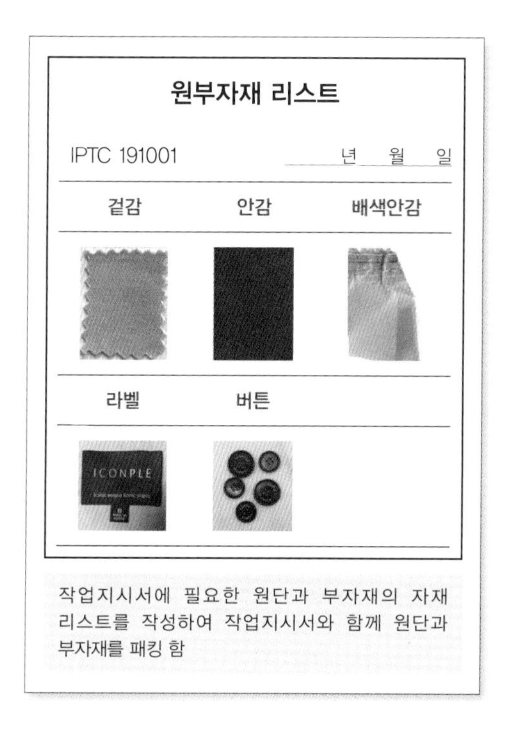

원부자재 리스트

IPTC 191001 년 월 일

겉감	안감	배색안감
라벨	**버튼**	

작업지시서에 필요한 원단과 부자재의 자재 리스트를 작성하여 작업지시서와 함께 원단과 부자재를 패킹 함

7) 제품 완성

2. 레깅스 디자인

1) 트렌드 조사

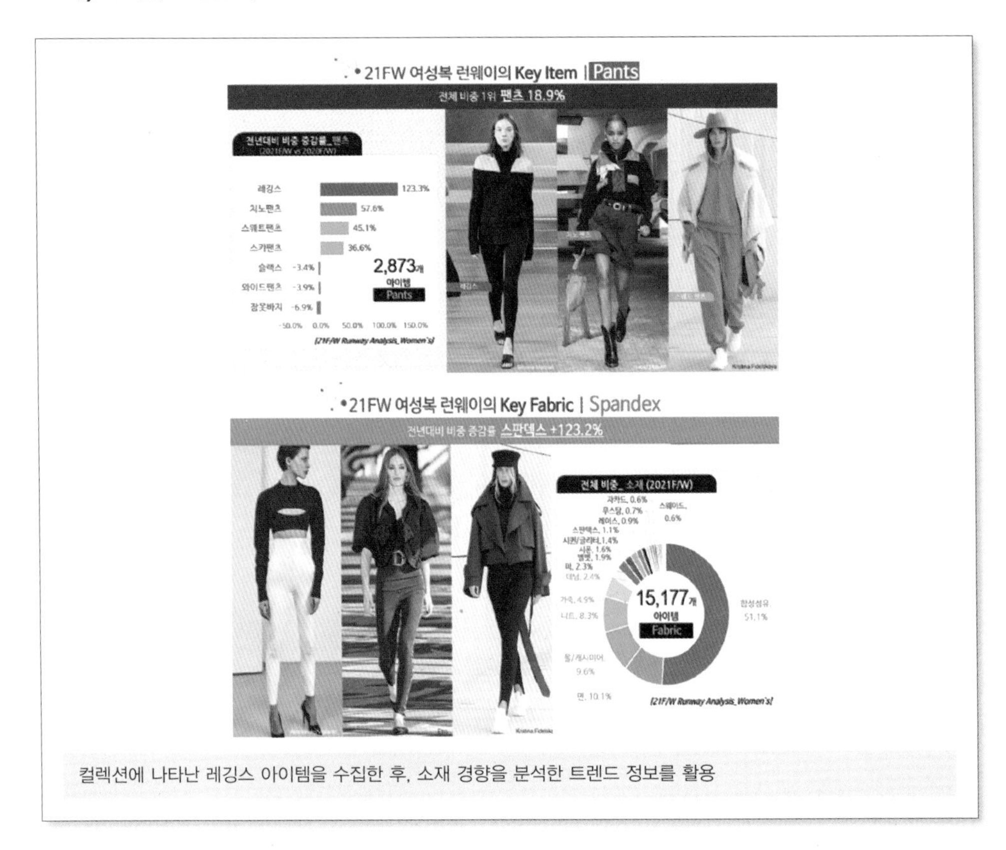

컬렉션에 나타난 레깅스 아이템을 수집한 후, 소재 경향을 분석한 트렌드 정보를 활용

2) 이미지 맵

스포츠 콘셉트로부터 연상되는 패션 이미지와 컬러, 문양, 소재, 실루엣의 맵 제작

3) 스타일 맵

브랜드 시장조사를 통해 스타일 전개 가능 후보를 수집하여 맵을 제작. 코디네이션과 핏, 기장, 문양, 소재 등을 참고 할 수 있는 스타일을 선택

4) 작업지시서 작성(착장 렌더링)

18 F/W XSTAR(1차_레깅스) 샘플 지시서

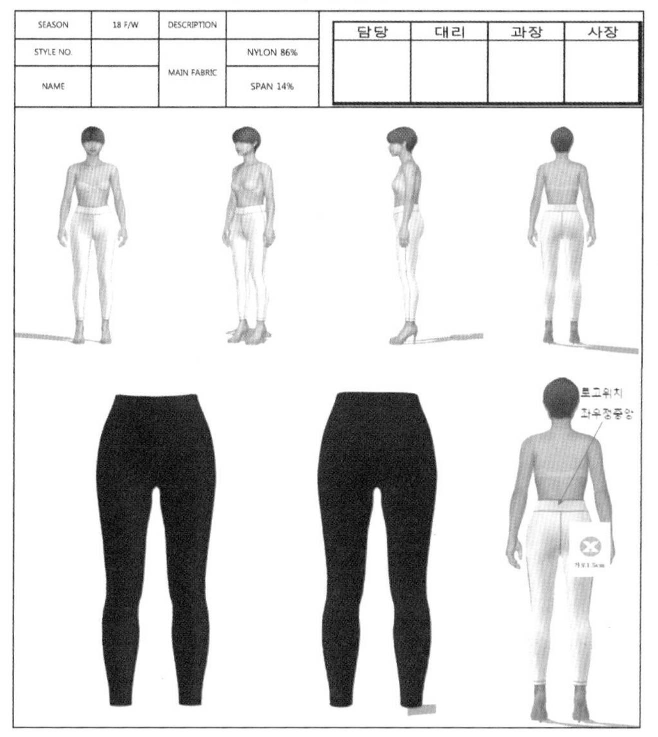

SEASON	18 F/W	DESCRIPTION	
STYLE NO.		MAIN FABRIC	NYLON 86%
NAME			SPAN 14%

담당	대리	과장	사장

5) 작업지시서 작성

<SIZE SPEC> (단위:CM)	여성				
	M	L(55)	XL	XXL	GAP
허리둘레		62			
엉덩이 둘레		82			
무릎둘레		31			
밑단둘레		21			
앞길이		26.5			
뒷길이		36.5			
기장		95			
인심길이		67.5			

<AMOUNT>

S#	COLOR	여성								
		S	M	L	XL					TOTAL
		0	0	0	0	0	0	0		0

<METERRIAL>

명칭	종류	규격	색상		리
MAIN 원단(G) -솔리드			BLACK		
			Green		
			Wine		
봉사	DTM	poly			
		nylon	(flat lock stitch)		
메인TAG				1 EA	
케어라벨				1 EA	
스티커					
안감스티커					
TAG고리				1 EA	

프린트 케어라벨

M

6cm

3cm

*한국 생산 여성 (COLOR-골드 PANTONE 16-0945 TPX)

6) 제품 완성

부 록

1. 패션 스페셜리스트

2. 봉제 관련 현장 용어와 표준 용어

1. 패션 스페셜리스트

- **패션 디자이너(Fashion Designer)** 대중의 요구, 미적 감성, 기능성, 경제성 등을 토대로 패션의 창조적 디자인을 담당한다. 오트쿠튀르 디자이너와 기성복 디자이너가 있다. 디자인개발에서부터 샘플 제작의 패턴 메이킹까지 하는 경우도 있다. 소재팀, 생산팀 등과의 협업도 중요하다.
- **패션 머천다이저(Fashion Merchandiser, MD)** 상품기획자. 정보 수집, 분석, 머천다이징(제품계획), 판매계획, 홍보계획, 생산계획을 총괄하기도 하고 기획 MD, 생산 MD, 영업 MD로 세분화되기도 한다. 최근 AI 데이터, 빅데이터를 기반으로 판매 데이터 분석과 인공지능 상품 기획으로 진화되는 추세이다.
- **텍스타일 디자이너(Textile Designer)** 패션과 인테리어에 사용되는 텍스타일을 디자인하는 스페셜리스트로 소재와 색에 대한 전문적 지식이 요구된다. 직조(weaving)와 나염(printing) 디자이너로 나뉜다.
- **니트 디자이너(Knit Designer)** 니트를 소재로 하는 패션제품을 디자인하는 스페셜리스트로 스포츠 웨어에서부터 캐주얼, 정장에 이르기까지 다양한 분야에서 활동한다. 니트의 원사와 기능성 그리고 촉감에 따른 디자인 감각이 요구된다.
- **모델리스트(Modelist)** 디자인화로부터 실물을 제작하기 위해 머슬린 등을 사용하여 패턴을 제작하는 스페셜리스트이다.
- **인스펙터(Inspector)/퀄리티 컨트롤러(Quality Controller)** 생산활동에서 발생할 수 있는 불량품을 체크하고, 방지하는 스페셜리스트이다. QC(Quality Controller)를 담당한다. 상품의 품질을 조사, 확인한다. 치수 확인, 봉제 확인, 원단상태와 염색 상태를 체크한다.
- **3D 가상의류 디자이너(3D Virtual Fashion Designer)** 클로(CLO)와 같은 프로그램을 활용하고, 디지털 텍스처링 프로그램을 활용하여 3D 가상의류를 제작하는 스페셜리스트이다. 시뮬레이션 알고리즘을 기반으로 디자인 소프트웨어부터 커뮤니케이션 플랫폼, 가상의상 패턴과 피팅까지 의상과 연계된 모든 분야를 디지털로 통합시키는 업무를 한다. 최근 패션마켓에 3D 디자인이 활용되면서 메타버스 '제페토(ZEPETO)'를 통해 아바타 상품을 런칭하는 업무도 맡는다.

● 테크니컬디자이너(Technical Designer) 디자이너의 의도에 맞게 제품을 구현하기 위해 의복의 정확한 치수를 재고 패턴을 수정하며 핏을 확인하는 업무를 담당해서 핏 테크니션(Fit Technician), 핏 엔지니어(Fit Engineer)라고도 부른다. 디자이너 및 패턴사와 아이디어를 소통하고 논의하여 정확한 제품이 나오도록 한다. 기업의 성격에 따라 바이어 TD, 에이전트 TD, 벤더 TD로 나뉜다.

● 지속가능 디자이너(Sustainable Designer) 환경과 사회적 책임을 위해 노력하자는 패션업계의 움직임으로 등장한 스페셜리스트로, 컴플리언스(compliance)라고도 부른다. 공정무역, 동물 보호, 윤리적 패션, 전통 방식의 슬로 패션, 업사이클링, 리디자인, 제로웨이스트(zerowaste) 등을 바탕으로 사람과 동물, 환경을 존중하는 가치 중심적 디자인을 담당한다.

● 아트 디렉터(Art Director) 디자인 분야의 경력을 충분히 갖춘 전문인으로 브랜드의 기획을 총괄적으로 다루는 스페셜리스트이다. 영화나 광고영역에서 시작된 아트 디렉터 업무가 패션 아트디렉터에서는 패션 브랜드의 정체성을 강하게 확립하기 위해 룩 북 촬영, 세트 제작과 프레젠테이션을 통해 효과적인 브랜드의 정체성을 보여주는 일을 총괄한다. 직접적으로 의상을 만들지는 않지만 패션을 완성하는 스페셜리스트이다.

● 컬러리스트(Colorist) 색채정보의 수집, 정리, 분석, 색채계획 등을 담당한다. 색채에 관한 과학적·종합적 지식과 색채 분석과 표현 기술이 필요하다.

● 패션 컨버터(Fashion Converter) 미가공 직물을 구매하여 완성품으로 만들어 판매하는 직물가공 판매 스페셜리스트이다. 패션 트렌드를 신속하고 정확하게 파악하여 어패럴 메이커를 대상으로 소재를 제시하고 판매해야 하므로 소재에 대한 지식과 감성, 시장 동향을 빠르고 정확하게 인지하여야 한다.

● 바이어(Buyer) 상품의 사입(仕入) 책임자를 말한다. 직무범위는 상품의 사입부터 판매, 판매촉진, 재고관리, 판매담당자에 대한 상품교육까지 광범위하다.

● 패션 코디네이터(Fashion Coordinator) 패션 이미지에 맞게 코디네이션을 담당한다. 시즌과 상황에 맞도록 정보를 기준화하고 머천다이저, 바이어의 조언을 공유하며 상품의 코디네이션을 수행한다.

● 스타일리스트(Stylist) 패션 이미지 크리에이터로서 패션의 사회적 연출을 담당하는 전문가이다. 어패럴 메이커에서는 유행의 설정, 상품 이미지를 위한 스타일링을 담당하고 백화점, 전문점, 편집숍에서는 코디네이터 스타일링을 한다. 룩 북이나 온라인 판매, 광고제작을 위해서는 아트디렉터와 소통하며 효과적인 이미지를 구축한다. 드라마, 영화, 공연무대를 위해서는 배우, 가수에 맞는 의상을 코디네이션한다.

• 패터니스트(Patternist) 샘플용 패턴을 제작, 수정하고 대량생산이 결정된 스타일에 대한 패턴을 공업용 패턴으로 수정하는 업무를 담당한다. 수정된 패턴에 의하여 만들어진 대량생산용 샘플의 검토를 통해 양산용 패턴을 제작한다.

• 생산관리자(Product Manager) 일정한 품질의 제품을 일정기간 내에 특정 수량을 기대 원가로 생산하기 위해 생산 활동의 예측, 계획, 통제 등을 하는 스페셜리스트이다. 최근 해외생산기지에서 활동하는 경우가 많다.

• 그레이더(Grader) 마스터 패턴을 사이즈별, 호수별로 전개하는 스페셜리스트이다.

• 패션 일러스트레이터(Fashion Illustrator) 패션을 시각적으로 전달하는 수단인 일러스트레이션을 담당하는 스페셜리스트이다. 온·오프라인 패션 저널리즘에서 활용된다.

• 패션 에디터(Fashion Editor) 활자 매체인 신문, 잡지, 서적뿐 아니라 온·오프라인 미디어 등에서 패션을 편집 담당하는 스페셜리스트이다.

• 숍 마스터(Shop Master) 브랜드 매장관리 및 판매 책임자로서 브랜드 콘셉트를 잘 이해하고 현장에서 소비자들을 대상으로 원활한 판매촉진을 담당하다.

• 패션 애널리스트(Fashion Analyst) 패션 관련 정보를 전문적으로 분석하는 스페셜리스트이다. 온·오프라인 매장, 연구소, 잡지사 등에서 정보의 범위를 정하여 수집, 분석하고 피드백한다. 패션 저널리즘은 '정보의 공개'를 원칙으로 하나 패션 애널리스트의 정보는 기업이나 회원을 위한 것으로 기밀성을 요구한다.

• 디스플레이 디자이너(Display Designer) 의류, 인테리어 등 각종 상품의 판매촉진 부문에서 전시회의 디스플레이, 쇼윈도 디스플레이에 이르기까지 시각적 연출을 담당하는 스페셜리스트이다. 상품과 브랜드의 이미지를 바로 이해하고 소비자와 브랜드의 커뮤니케이션이 잘 이루어지도록 한다.

2. 봉제 관련 현장 용어와 표준 용어

현장 용어	표준 용어	의미
가브라	접단, 끝접기	소맷부리, 바짓부리의 접어 올린 부분
가자리	장식, 상침	가장자리 장식을 나타내는 재봉질
가타	어깨(심)	어깨, 어깨에 넣는 심, 형, 모양, 본
가타신	어깨 심	재킷이나 코트를 만들 때 소맷산을 늘리기 위하여 어깨 부분의 안쪽에 부착하는 심지
간지	모양, 태	모양이나 옷태의 전체적인 의미
구사리, 구사리도메	실루프 고정	실로 루프를 만들어 고정시키는 것
구세	몸새, 군주름	몸에 따라 나타나는 옷의 형태
기레파시	천 조각, 자투리	재단하고 남은 천 조각
기스	흠집	원단의 흠집을 의미
기지	생천, 옷감	옷감, 원단을 지칭함
나나인치	일자형 구멍	드레스, 셔츠의 일자형으로 뚫은 단춧구멍
나라시	원단 고루 펴기	천을 재단하기 위하여 여러 겹의 천을 펼쳐 놓는 일
낫치	맞춤점, 가윗집, 노치	U자, V자 모양으로 테일러드 칼라 등에 표시한 가윗집
노바시	늘리기	줄임 또는 다트로 하지 않고 다리미나 프레스로 옷감을 늘여서 입체로 변화시키는 것
다이	대, 받침	재단대나 재봉대를 의미
다이마루	환편 직물	가로로 편직된 직물
다테	세로, 옆 솔기, 날실	세로, 옆 솔기, 날실을 지칭
다테 테이프	세로 테이프	재킷의 칼라 부분이나 어깨, 등에 옷감이 바이어스 방향으로 늘어나지 않도록 부착하는 테이프
단자쿠, 단작	덧단	의복을 입고 벗기 편하게 하기 위하여 만든 트임에 덧붙이는 단
덴센, 덴신	풀린 올	직물의 올이 풀린 상태
마토메	마무리, 끝손질	끝 마무리를 지칭함
마에	앞	앞면을 의미함
마쿠라	어깨심, 덧심	어깨의 심지를 의미함
미미	식서	천의 가장자리, 위사가 천의 끝에서 돌아오는 곳
미카시, 미카에시	안단	앞단, 목둘레, 소매둘레 등의 안쪽을 뒤처리할 때 쓰이는 원단

(계속)

현장 용어	표준 용어	의미
바텍	빗장막음, 빗장박기	솔기가 풀리기 쉬운 곳이나 호주머니 등의 입구 부분을 보강하기 위한 바느질
소매구리	암홀 둘레	소매를 달기 위하여 앞길과 뒷길에 도려낸 부분
소매구치	소맷부리	소매에서 손목 부분의 부리를 말함
소매아키	소매트기, 소매트임	소매 단추가 달리는 곳을 터서 만든 것
스쿠이	공그르기	헝겊의 시접을 접어 맞대어 바늘을 양쪽 시접에서 번갈아 넣어 실땀이 겉으로 나오지 않게 꿰매는 바느질
시루시	표시, 기호	의복의 재단 시 봉제를 효율적으로 하기 위하여 초크 등을 이용하여 중요 부분을 표시하는 것
시마이	끝 마침, 뒤처리	뒤처리를 의미
시보리	조리개, 고무뜨개	소매나 깃 또는 밑단에 사용되는 신축성 있는 편성물
시아게	끝손질, 마무리	옷을 완성한 후 마무리하는 과정, 다림질을 포함한 끝손질 과정을 의미함
에리	깃	옷의 목 주위의 여미는 부분이나 목 주위에 붙이는 부분
에리구리	목둘레선	앞길과 뒷길의 깃 붙이는 부분
오비	허리단, 띠	허리에 대는 단, 바지 등이 흘러내리지 않게 매는 허리띠
와키	옆 솔기	앞 · 뒤판이 만나는 옆 솔기를 지칭
요척	옷감 소요량	옷을 만드는 데 사용되는 옷감의 소요량
우라	안감	옷의 안쪽에 대는 옷감, 라이닝(lining)
유도리	늘품, 여유분	장식 또는 기능의 목적으로 신체 치수보다 더하는 옷의 양
이세	여유분 (줄임)	이즈(ease)
조시	박음 상태	실이 박힌 상태
지누시	천 바로잡기, 축임질	재단하기 전에 비뚤어진 올이나 구겨진 천을 증기 다리미로 펴는 과정
지노메	올방향	식서 방향
지누이	초벌 박기	두 장의 천을 완성선으로 맞추어 꿰메는 기본적인 바느질
진타이	누드바디	인체를 그대로 떠서 제작한 바디
진파	짝짝이	바느질 등에서 한 쌍이 되어야 하는 물건이 갖추어지지 않은 것
큐큐(QQ)	한쪽 막이 단춧구멍	오버코트의 단춧구멍처럼 한쪽 끝은 일자형으로 막혀 있는 단춧구멍
헤라시	코줄임	편물에서 소매나 진동둘레 부분의 코수를 줄여 가는 것
헤리	가장자리, 바이어스 랍바	헤리감을 바이어스로 재단하여 가장자리를 마무리할 원단을 지칭
후타	호주머니 덮개	뚜껑, 호주머니 위에 붙이는 덮개, 플랩(flap)
후쿠로	호주머니	포켓(pocket)

참고문헌

국내문헌

공재희(2014). **핸드백 클래스**. 홍시.

권수애, 김은영, 김지영, 최종명(2016). **패션과 라이프**. 교학연구사.

김동수, 정혜인(1993). **성공하는 남자의 옷입기**. 도서출판 까치.

김민자, 이예영(2011). **패션디자인 아이디어, 문화에서 찾기**. 에피스테메.

김은애, 김혜경, 나영주, 신윤숙, 오경화, 임은혁, 전양진(2013). **패션 텍스타일**. 교문사.

남미영, 김윤경, 이경희(2012). 체크리스트법에 의한 창의적 패션디자인의 조형적 특성. **한국의류학회지, 36**(8), 59-69.

닛케이디자인 편, 이민연 역(2018). Design Thinking. 우듬지.

박주희(2004). **디자이너 도식화**. 패션 스터디.

박혜원, 이미숙, 염혜정, 최경희, 박수진(2006). **현대 패션 디자인**. 교문사.

배수정, 백정현, 오현아(2016). **현대패션과 서양복식문화사**. 수학사.

신성미, 박혜원(2021), 도나텔라 베르사체 컬렉션 분석을 통한 패션 브랜드 〈베르사체〉의 디자인 아이덴티티와 아카이브 계승연구-2018~2021년 밀라노 컬렉션을 중심으로-**한국패션비즈니스학회, 25**(4).

수 젠킨 존스 저(2002), 김혜경 옮김(2004). **패션 디자인**. 예경.

안영실, 김희선(2018), K-패션 활성화를 위한 국내 패션브랜드의 의류생산 방식 고찰, **한국의상디자인학회, 20**(3).

엄소희, 유진경(2006). **패션디자인을 위한 포트폴리오**. 도서출판 예림.

엄소희, 장윤이(2016). **패션상품 디자인기획**. 교문사.

유송옥, 김경실, 간호섭(2017). **패션디자인**. 수학사.

이경희, 이은령, 김윤경(2019). **포트폴리오를 위한 패션 디자인 발상 & 기획 워크북**. 교문사.

이교영(2021). 패션디자인의 창의적 발상 교육 방안 연구. **이화여자대학교 박사학위 논문**.

이금희(2012). **패션디자인 감성**. 경춘사.

이미숙(2003). 패션 웹 사이트의 색채 특성과 이미지. **대한가정학회지, 41**(8).

이용재, 김민지, 박한힘(2019). Do it Fashion. 교문사.

이은영(2003). **복식디자인론**. 교문사.

전세미, 염혜정(2021). 안토니오 로페즈의 작품에 나타난 1960년대 패션 일러스트레이션의 색채 이미지 연구. **복식**, 71(5).

천종숙(2005). **패션상품학**. 교문사.

케이트 스컬리, 데브라 존스턴 콥 저, 김홍기 역(2013). **패션 색채 예측**. 비즈 앤 비즈.

케이트 플레처 저, 이지현, 김수현 역(2011). **지속가능한 패션 & 텍스타일**. 교문사.

한성지, 김이영(2014). **패션디자인**. 교학연구사.

Jaeil Lee, Camille Steen 저, 이재일, 조은주 역(2015). **의류디자이너를 위한 테크니컬 디자인 지침서**. 시그마프레스.

국외문헌

Basia Szkutnicka(2017). *Technical Drawing for Fashion*. Laurence King Publishing.

Bunka Fashion College(2010). *Guide to Fashion Design*. Bunka Publishing Bureau.

Denis Antoine(2020). *Fashion Design*. Laurence King Publishing.

Karthryn Mckelvey & Janine Munslow(2021). *Fashion Design ; process innovation & practice*. Wiley.

Motoyama Mitsuko(2000). *Fashion Styling Planning*. Fashion Kyoikusha.

Richard Sorger & Jenny Udale(2012). *The Fundamentals of Fashion Design*. AVA Publishing.

Richard Sorger & Simon Seivewright(2021). *Research and Design for Fashion*. Bloomsbury Visual Arts.

Simon Seivewright(2007). *Research and Design*. AVA Publishing SA.

Simon Travers-Spencer and Zarida Zaman(2009). *The Fashion Designer's Directory of Shape and Style*. BARRON'S

Steven Faerm(2011). *Creating Successful Fashion Collection*. Barron's.

Takamura Zeshu(1993). *Styling Book*. Graphicsha.

Takamura Zeshu(2005). *Fashion Technique*. Graphicsha.

Yuniya Kawamura(2020). *Doing Research in Fashion and Dress*. Bloomsbury Visual Arts.

사이트

https://bespokeunit.com

https://e-ks.kr

https://medium.com

https://news.orvis.com

https://sizekorea.kr

https://store.musinsa.com

https://www.collinsdictionary.com

https://www.oxfordlearnersdictionaries.com

https://www.suitsexpert.com

https://www.usww2uniforms.com

WWW.VOGUE.COM

WWW.VOGUE.UK

기타

NCS 학습모듈-패션디자인자료수집

NCS 학습모듈-패션상품시제품개발기획

NCS 학습모듈-패션상품시제품개발

그림 출처

사진 및 자료 수록을 허락해 주신 모든 소장처에 감사드립니다. 미처 동의를 구하지 못한 자료인 경우, 출판사 측으로 연락을 주시면 동의 절차를 밟도록 하겠습니다. 또한 따로 출처를 표기하지 않은 자료는 퍼블릭 도메인이거나 저작권이 출판사와 저자에게 있습니다.

1부 1장

그림 4 Karthryn Mckelvey & Janine Munslow(2021). Fashion Design ; process innovation & practice 참고해서 재구성

그림 6 위키커먼스

그림 7 shaotft/Shutterstock.com

그림 8 Tatiana Osipova/Shutterstock.com

1부 2장

그림 1 Bottega Veneta, 2022 SS, https://www.vogue.co.uk

그림 2 Alexander McQueen, 2021 RESORT, https://www.vogue.co.uk

그림 3 Off White, 2020/21 FW, https://www.vogue.co.uk

그림 4 Christian Siriano, 2022 PRE-FALL, https://www.vogue.co.uk

그림 5 Roberto Cavalli, 2022 SS, https://www.vogue.co.uk

그림 6 Moschino, 2022 PRE-FALL, https://www.vogue.co.uk

그림 9 Alaïa, 2021/22 FW, https://www.vogue.co.uk

그림 10 Chanel, 2021 SS, https://www.vogue.co.uk

그림 11 Moschino, 2020/21 FW, https://www.vogue.co.uk

그림 12 Alaïa, 2022 SS, https://www.vogue.co.uk

그림 13 Chanel, 2021 SS, https://www.vogue.co.uk

그림 14 Ulyana Sergeenko, 2015 SS, https://www.vogue.co.uk

그림 15 Gucci, 2020 SS, https://www.vogue.co.uk

그림 16 Fendi, 2022 PRE-FALL, https://www.vogue.co.uk

그림 17 Moschino, 2022/23 FW, https://www.vogue.co.uk

그림 18 Valentino, 2021/22 FW, https://www.vogue.co.uk

그림 19 Alexander McQueen, 2020/21 FW, https://www.vogue.co.uk

그림 20 Louis Vuitton 2022 RESORT, https://www.vogue.co.uk

그림 21 AZ Factory, 2022 SS, https://www.vogue.co.uk

그림 22 Gucci, 2022 PRE-FALL, https://www.vogue.co.uk

그림 36 Creative Lab/Shutterstock.com

그림 37 eversummerphoto/Shutterstock.com

그림 38 FashionStock.com/Shutterstock.com

그림 39 Tinxi/Shutterstock.com

그림 41 Creative Lab/Shutterstock.com

그림 42 Creative Lab/Shutterstock.com

그림 45 FashionStock.com/Shutterstock.com

그림 49 onajourney/Shutterstock.com

그림 51 Creative Lab/Shutterstock.com

그림 52 Creative Lab/Shutterstock.com

그림 55 FashionStock.com/Shutterstock.com

그림 56 Cubankite/Shutterstock.com

그림 57 shezimanezi/Shutterstock.com

그림 60 Ovidiu Hrubaru/Shutterstock.com

그림 64 Creative Lab/Shutterstock.com

그림 65 FashionStock.com/Shutterstock.com

그림 66 FashionStock.com/Shutterstock.com

그림 69 Tinxi/Shutterstock.com

그림 70 FashionStock.com/Shutterstock.com

그림 73 Creative Lab/Shutterstock.com

그림 88 Saint Laurent, 2020 SS, https://www.vogue.co.uk

Fendi, 2020/21 FW, https://www.vogue.co.uk

Molly Goddard, 2022 SS, https://www.vogue.co.uk

Off White, 2020/21 FW, https://www.vogue.co.uk

그림 89 Versace, 2021 SS, https://www.vogue.co.uk

Burberry Prosum, 2021 SS, https://www.vogue.co.uk

Alexander McQueen, 2021 SS, https://www.vogue.co.uk

그림 97 Christian Dior, 2022 SS, https://www.vogue.co.uk

그림 98 Chanel, 2021 SS, https://www.vogue.co.uk

그림 99 Saint Laurent, 2019/20 FW, https://www.vogue.co.uk

그림 100 Valentino, 2021/22 FW, https://www.vogue.co.uk

그림 101 Off White, 2020/21 FW, https://www.vogue.co.uk

그림 102 Jean Paul Gaultier, 2020 SS, https://www.vogue.co.uk

그림 104 Moschino, 2021 RESORT, https://www.vogue.co.uk

그림 105 Etro, 2020/21 FW, https://www.vogue.co.uk

그림 106 Kenzo, 2021 SS, https://www.vogue.co.uk

그림 107 Marques' Almeida, 2022 SS, https://www.vogue.co.uk

그림 108 Moschino, 2020 SS, https://www.vogue.co.uk

그림 109 Louis Vuitton, 2022 SS, https://www.vogue.co.uk

1부 3장

그림 1 https://medium.com/@CompanyFolders/why-do-we-still-use-the-golden-ratio-in-design-2802cae42e3e

그림 2 https://medium.com/@CompanyFolders/why-do-we-still-use-the-golden-ratio-in-design-2802cae42e3e

그림 3 Chanel, 2022 SS, https://www.vogue.co.uk

그림 4 Louis Vuitton, 2020 RESORT, https://www.vogue.co.uk

그림 5 Alaïa, 2021/22 FW, https://www.vogue.co.uk

그림 6 Chanel, 2022 SS, https://www.vogue.co.uk

그림 7 Alexander McQueen, 2020 RESORT, https://www.vogue.co.uk

그림 8 Alexander McQueen, 2021 SS, https://www.vogue.co.uk

그림 9 Alexander McQueen, 2022 SS, https://www.vogue.co.uk

그림 10 Alberta Ferretti, 2020/21 FW, https://www.vogue.co.uk

그림 11 Jean Paul Gaultier, 2021/22 FW, https://www.vogue.co.uk

그림 12 Maison Margiela, 2020 SS, https://www.vogue.co.uk

그림 13 Max Mara, 2020 SS, https://www.vogue.co.uk

그림 14 Hermès, 2021 SS, https://www.vogue.co.uk

그림 15 Marc Jacobs, 2020 SS, https://www.vogue.co.uk

그림 16 Saint Laurent, 2022 SS, https://www.vogue.co.uk

그림 17 Alexander MCqueen, 2020 SS, https://www.vogue.co.uk

그림 18 Ports 1961, 2020 SS, https://www.vogue.co.uk

그림 19 Off White, 2020/21 FW, https://www.vogue.co.uk

그림 20 Jean Paul Gaultier, 2021/22 FW, https://www.vogue.co.uk

그림 21 Marc Jacobs, 2021/22 FW, https://www.vogue.co.uk

그림 23 Off White, 2020/21 FW, https://www.vogue.co.uk

그림 24 Junya Watanbe, 2020 SS, https://www.vogue.co.uk

그림 25 Hermès, 2021 SS, https://www.vogue.co.uk

그림 26 Prabal Gurung, 2020 SS, https://www.vogue.co.uk

그림 27 Off White, 2020/21 FW, https://www.vogue.co.uk

그림 28 Alaïa, 2022 SS, https://www.vogue.co.uk

그림 29 Saint Laurent, 2019/20 FW, https://www.vogue.co.uk

그림 30 Yohji Yamamoto, 2021 SS, https://www.vogue.co.uk

그림 31 Jean Paul Gaultier, 2021/22 FW, https://www.vogue.co.uk

그림 33 Giorgio Armani, 2020/21 FW, https://www.vogue.co.uk

그림 34 Saint Laurent, 2022 SS, https://www.vogue.co.uk

그림 35 Chanel, 2022 PRE-FALL, https://www.vogue.co.uk

그림 36 Chanel, 2020/21 FW, https://www.vogue.co.uk

그림 37 Alaïa, 2021/22 FW, https://www.vogue.co.uk

그림 38 Christian Dior, 2021/22 FW, https://www.vogue.co.uk

그림 39 Yohji Yamamoto, 2020 SS, https://www.vogue.co.uk

그림 40 Schiaparelli, 2020 SS, https://www.vogue.co.uk

그림 41 Alexander McQueen, 2020 RESORT, https://www.vogue.co.uk

그림 42 Stella McCartney, 2020 SS, https://www.vogue.co.uk

그림 43 Roberto Cavalli, 2022 SS, https://www.vogue.co.uk

그림 44 Carolina Herrera, 2021 SS, https://www.vogue.co.uk

그림 45 Alaïa, 2021/22 FW, https://www.vogue.co.uk

그림 46 Chanel, 2021 SS, https://www.vogue.co.uk

그림 47 Marc Jacobs, 2021/22 FW, https://www.vogue.co.uk

그림 48 Giambattista Valli, 2022 SS, https://www.vogue.co.uk

그림 49 Saint Laurent, 2022 SS, https://www.vogue.co.uk

그림 50 Jean Paul Gaultier, 2020 SS, https://www.vogue.co.uk

그림 51 Mugler, 2021 SS, https://www.vogue.co.uk

그림 52 Alexander McQueen, 2021 RESORT, https://www.vogue.co.uk

그림 53 Stella McCartney, 2020 SS, https://www.vogue.co.uk

2부 2장

p.109 스트레이트 스커트의 디테일 명칭

Basia Szkutnicka(2017, p.68)의 내용을 참조해서 재구성

p.112 테일러드 팬츠의 디테일 명칭

Basia Szkutnicka(2017, p.69)의 내용을 참조해서 재구성

p.114 버튼다운 셔츠의 디테일 명칭

Basia Szkutnicka(2017, p.70)의 내용을 참조해서 재구성

p.140 남녀 인체 모형 및 기준선

Takamura Zeshu(2005, p.54)의 내용을 참조해서 재구성

2부 3장

그림 1 https://www.metmuseum.org/toah/hd/god3/hd_god3.htm

그림 2 Chanel, 2018 Resort, https://runway.vogue.co.kr/2017/04/30/spring-2017-sample-2/#0:83

그림 3 http://fashionthroughtheages-heatherbrooke.blogspot.com/2011/11/byzantine.html

그림 4 The Blonds, 2020/21 FW, https://www.vouge.com

그림 5 https://fashionhistory.fitnyc.edu/justaucorps/

그림 6 Alberta Ferretti, 2019/2020 FW, https://www.vogue.co.uk

그림 7 https://www.1920s-fashion-and-music.com/1920s-flapper-dress.html

그림 8 Mario Dice, 2016 SS, https://www.vouge.com

그림 9 https://www.myvintage.uk/1950s-fashion

그림 10 San Andres, 2016 SS, https://www.vouge.com

그림 11 http://brankopopovic.blogspot.com/2018/02/power-dressing-in-era-of-metoo.html#.Yulyf3ZByUk

그림 12 Annakiki, 2019/2020 FW, https://www.youtube.com

그림 13 https://eastmeetsdress.com/products/gemma-bespoke-dress

그림 14 Amelie Wang, 2019/2020 FW, https://www.dreamstime.com

그림 15 https://www.fun-japan.jp/en/articles/11417

그림 16 Prabal Gurung, 2020 SS, https://www.vogue.co.uk

그림 17 https://istizada.com/muslim-veil-and-hijab-types-a-complete-guide/

그림 18 Dian Pelangi, 2019/2020 FW, FashionStock.com/Shutterstock.com

그림 19 https://www.phaidon.com/agenda/art/articles/2013/april/11/how-jagger-briefed-warhol/

그림 20 Jeremy Scott, 2019 SS, https://www.vogue.co.uk

그림 21 https://www.quora.com/What-is-surrealism

그림 22 Chenpeng, 2019/2020 FW, FashionStock.com/Shutterstock.com

그림 23 https://www.pinterest.co.kr/pin/486670303461933509/?mt=login

그림 24 Jeremy Scott, 2020 SS, https://www.vogue.co.uk

그림 25 Kirsten Ley, 2019/2020 FW, FashionStock.com/Shutterstock.com

그림 26 Chiara Boni, 2020 SS, https://www.dreamstime.com

그림 27 The Blonds, 2019 SS, FashionStock.com/Shutterstock.com

그림 28 Jessica Minh Anh, 2020/21 FW, https://www.youtube.com

그림 29 Moschino, 2016 SS, https://www.vogue.co.uk

그림 30 Wonderland Childrenswear, 2021 SS, https://www.youtube.com

그림 34 Coperni 2022 SS, https://runway.vogue.co.kr/2022/01/03/ready-to-wear-2022-ss-coperni/#0:7

그림 35 Kaimin, 2020 SS, http://www.untitled-magazine.com

그림 36 Greyling Purnell, 2020/21 FW, http://www.graylingpurnell.com

그림 37 Mikage, 2020/21 FW, https://www.vanityteen.com/collection

그림 38 Benetton, 2019/2020 FW, FashionStock.com/shutterstock.com

그림 39 Chiara Boni, 2020 SS, https://www.wwd.com

그림 40 Jean Paul-Gaultier 2022/23 F/W Couture, https://www.vogue.com/fashion-shows/fall-2022-couture/jean-paul-gaultier/slideshow/collection#37

그림 41 Coperni 2022/23 F/W, https://runway.vogue.co.kr/2022/04/19/ready-to-wear-2022-fw-coperni/#0:19

그림 42 Mikage, 2020/21 FW, https://www.youtube.com

그림 43 Matty Bovan 2022/23 F/W, https://runway.vogue.co.kr/2022/04/21/ready-to-wear-2022-fw-matty-bovan/#0:0

그림 44 Harris Reed 2022/23 F/W, https://runway.vogue.co.kr/2022/04/21/ready-to-wear-2022-fw-harris-reed/#0:9

그림 45 Kaimin, 2020 SS, http://www.untitled-magazine.com

그림 46 Coperni 2022/23 F/W, https://runway.vogue.co.kr/2022/04/19/ready-to-wear-2022-fw-coperni/#0:3

그림 47 Richard Quinn 2022/23 F/W, https://runway.vogue.co.kr/2022/04/21/ready-to-wear-2022-fw-richard-quinn/#0:12

그림 48 Y/Project 2022 SS, https://runway.vogue.co.kr/2022/03/08/ready-to-wear-2022-ss-yproject/#0:20

그림 49 Versace, 2019/2020 FW, https://www.vogue.com

그림 50 Greyling Purnell, 2020/21 FW, FashionStock.com/Shutterstock.com

그림 51 Gypsy Sport 2022 SS, https://runway.vogue.co.kr/2022/01/17/ready-to-wear-2022-ss-gypsy-sport/#0:34

그림 52 The Blonds, 2020/21 FW, https://www.tag-walk.com

그림 53 Moschino, 2018 SS, https://www.vogue.com

그림 54 Marc Jacobs, 2019/2020 FW, https://www.vogue.com

3부 1장

그림 2 FashionStock.com/Shutterstock.com

그림 3 Tupungato/Shutterstock.com

그림 4 Lisa-Blue/istockphoto.com

그림 5 onlyyouqj/istockphoto.com

그림 6 bonetta/istockphoto.com

그림 7 Radist//istockphoto.com

그림 8 Lisa-Blue/istockphoto.com
Neyya/istockphoto.com

그림 9 nemesis_inc_/istockphoto.com

그림 10 Neyya/istockphoto.com

그림 11 golibo/istockphoto.com

그림 13 Versace, 2018 FW https://www.vogue.com

그림 13 패션넷(www.fashionnet.or.kr)

그림 18 PR Image Factory/Shutterstock.com

그림 19 vectorpouch/Shutterstock.com

3부 2장

p.230 트렌치 트렌드 조사 : 패션넷(www.fashionnet.or.kr)

p.231 트렌치 컬렉션 분석
Moschino, 2017 FW, https://www.vogue.com
Fendi, 2018 FW, https://www.vogue.com

p.234 레깅스 트렌드 조사 : 패션넷(www.fashionnet.or.kr)

찾아보기

ㄱ

가방 108, 129
가우초 팬츠 113
가터 벨트 128
강조 86
개더(gather) 41
개더 스커트 110
거들 128
결합법 169
고어드 스커트 110
곡선 26
교차리듬 84
균형 79
극한법 169
기모노 슬리브 38
기본신체부위 97
기본신체치수 97
기하학 문양 65

ㄴ

나이프(knife) 플리츠 41
나폴레옹(Napoléon) 37
남녀 인체 모형 140
남성 액세서리 131
네루 재킷 122
네크라인 34
넥타이 108
노르딕 스웨터 117
노치드(notched) 37
노치드 라펠 119
노포크 재킷 122
뉴 베이직(new basic) 상품 95
니커즈 113
니트웨어 108

ㄷ

다운 스트림 13
단색 이미지 스케일 54
대비조화(contrast harmony) 77
대조 87
대조비율(contrast proportion) 75
대칭 균형 79
더플 코트 125
데크 슈즈 131
도식화 107, 134, 215
돌만 슬리브 38
드레스 셔츠 115
드레이프(drape) 35
드롭 슬리브 38
디자이너 12
디자인 11
디테일(detail) 33

ㄹ

라이프 스타일 96
라이프 스테이지 95
라펠 36
란제리 108
래글런 슬리브 38
랜턴(lantern) 39
랩 코트 126
러플(ruffle) 41
럼버 재킷 123
레그오브머튼(leg-of-mutton) 39
레깅스 234
레깅스 팬츠 111
레이스(lace) 47
레트로 룩 15
로만(Roman) 36
로 엣지(raw edge) 46
로우 웨이스트 드레스 127
로컬리즘 18
로퍼 131
루프(loop) 48
룩(look) 16
뤼슈(ruche) 43
리듬 82
리본(ribbon) 49
리본 타이 132
리사이클링 22
리퍼(reefer) 37

ㅁ

마멜루크(mameluke) 39
마운틴 파카 124
마인드 맵 기법 175
만다린(Mandarin) 36
매니시 이미지 185

머메이드 스커트 110
머천다이저 12
메딕(medic) 36
메신저 백 130
명도 50
모던 디자인 18
모던 이미지 190
모드(mode) 16
모자 108, 129
모카신 131
모터사이클 재킷 123
문화적 기호 14
미들 스트림 13
미술공예운동 19
밀리터리 재킷 123

ㅂ

바게트 백 130
바디 슈트 128
바운드(bound) 40
바이커 재킷 123
바인딩(binding) 45
박서 쇼츠 129
박스(box) 플리츠 42
반대법 170
반복리듬 82
발마칸 코트 126
방사선리듬 84
배기 팬츠 112
배색원리 56
배색 이미지 스케일 56
배트 윙 슬리브 38
백리스 펌프스 131
백 팩 130
밴드(band) 36
버서(bertha) 36
버텀 108
버튼다운(button-down) 37
버튼다운 셔츠 114
벌룬 스커트 110
벌크(bulk) 실루엣 33
베레 129
베스트 108, 116
베어드롭(bare-drop) 35
베이닝(veining) 44
베이스볼 캡 129
베이직(basic) 상품 94
벤더(vendor) 223
벤치마킹 199
벤트 120
벨(bell) 39
벨로스(bellows) 40
벨 보텀 팬츠 111
보더 티셔츠 118
보스턴 백 130
보 타이 132
복식(服飾) 12, 16
볼레로 122
부가법 167
부조화(discord) 78
부츠 컷 팬츠 113
뷔스티에 115, 128
브래지어 128
브레이드(braid) 47
브리티시 스타일 121
브리프 129
브이(V) 35
블라우스 108
블레이저 118, 122
블루머 113
블루종 118
비건(began) 소재 22
비대칭 균형 80
비대칭 불균형 80
비브(bib) 36
비숍(bishop) 39
비율(proportion) 72
비즈(beads) 48
비치 백 130
빈티지 15

ㅅ

사브리나(Sabrina) 35
사선 26
사이드 심(side seam) 40
사이즈 스펙 216
사파리 재킷 123
새들 스티칭(saddle stitching) 44
새들 슬리브 38
색(color) 50
색상 50
색입체 50
색채 이미지 스케일 54
생산 리드 타임 224
샤넬 재킷 122
서큘러캡(circular-cap) 39
선 26
선 바이저 129
선염 문양 65
섬유산업 13
세일러(sailor) 36
셀렉션 223
셋 인 슬리브 38

셔링(shirring) 43
셔츠 36, 37, 108
셔츠 드레스 127
소매 34
소셜 어케이전 94
소셜웨어 94
소재(textile) 61
소재 기획 208
쇼핑 백 130
숄(shawl) 37
수직선 26
수평선 26
슈거백(sugar-bag) 35
슈트(suit) 108, 119
슈팅 재킷 122
스니커 131
스모킹(smocking) 43
스목 드레스 127
스웨터 108, 116
스웨트 셔츠 118
스캘럽(scallop) 35, 45
스커트 108
스퀘어(square) 35
스키니 팬츠 111
스타디움 점퍼 124
스타일(style) 16
스타일 관리 정보 215
스타일 기획 207
스탠드 36
스터드(stud) 49
스터럽 팬츠 113
스토퍼(stopper) 48
스트랩리스 브래지어 128
스트레이트(straight) 실루엣 32
스트레이트 스커트 109
스트레이트 팬츠 111
스트링(string) 48
스트링(웨스턴) 타이 132
스팽글(spangle) 47
스포츠 브래지어 128
스포티브 이미지 187
슬립 드레스 127
슬립온 슈즈 131
슬릿(slit) 35, 45
시대정신 14
시장 조사 203
시퀸(sequin) 47
신발 108, 130
실루엣 29

ㅇ

아가일 베스트 116
아노락 124
아란 스웨터 117
아메리칸 스타일 121
아방가르드 이미지 189
아우터 108
아웃도어 점퍼 124
아워글라스(hourglass) 실루엣 31
아이템 211
아일릿(eyelet) 49
아코디언(accordion) 42
아트워크 208
아트워크 기획 208
아플리케(appliqué) 44
안티 패션 15
액세서리 108
앵클 부츠 131
어케이전(occasion) 94
어패럴(apparel) 16
언더웨어 108, 129
얼리 어답터 14
엄브렐러(umbrella) 42
업사이클링(up-cycling) 22
업 스트림 13
에스닉 이미지 191
에스콧 타이 132
엔벨로프(envelope) 40
엘레강트 이미지 186
엠블렘(emblem) 49
엠파이어 드레스 127
연상법 171
오버롤즈 114
오트쿠튀르(haute-couture) 16
오페라 펌프스 131
오프숄더(off-shoulder) 35
오픈 칼라 셔츠 115
오픈 토 펌프스 131
오피셜 어케이전 94
오피셜웨어 94
올드 패션 14
와이드(wide) 37
완사입 225
요크 스커트 110
요크 심(yoke seam) 40
워크 부츠 131
원단 스와치(swatch) 213
원부자재 리스트 233
원숄더(one-shoulder) 35
원피스 108
웨스턴 셔츠 115
웨이스트 니퍼 128
웨이스트 백 130
웨지 슬리브 38

웨지 힐 샌들 131
웰트(welt) 40
윈드 브레이커 124
윌리엄 모리스 19
윙 팁(wing tip) 37
유사비율(similar proportion) 74
유사조화(similarity harmony) 76
의류산업 13
의상(衣裳) 16
이너웨어 108, 128
이브닝 백 130
이탈리안 스타일 121
인공 문양 65
인버티드(inverted) 플리츠 43
인터 컬러 59
임가공 224

ㅈ

자보(jabot) 38
자연 문양 65
작업지시서 211
작업지시서 작성 231
장식 33
재질감(texture) 62
재킷 108, 118
전통 문양 65
전환리듬 84
전환법 168
점진리듬 83
점퍼 108, 118
점프슈트 114
제거법 166
제로 웨이스트 22
제품치수 97
조거 팬츠 113
조니(Johnny) 37
조드퍼즈 113
조화(harmony) 76
조화비율(harmony proportion) 73
존 러스킨 19
줄리엣(Juliet) 39
지속가능 패션(sustainable fashion) 11, 18
직선 26
진 재킷 123
진즈 113
집중 86

ㅊ

차이나(China) 36
채도 50
체스터필드 코트 126
체크리스트법 166
첼시(chelsea) 36
초커(choker) 36
추상 문양 65
취향 14
치수 체계 93
친환경 소재 22

ㅋ

카고(cargo) 40
카고 팬츠 114
카디건(cardigan) 35, 108, 116
카디건 재킷 122
카우보이 해트 129
카울(cowl) 35
칵테일 백 130
칼라 34
캐미솔(camisole) 35, 117
캐미솔 블라우스 115
캐스케이드(cascade) 38
캔버스 슈즈 131
캥거루(kangaroo) 40
커트 앤 소운 108, 116
커프스 34
컨버터 223
컨버터블(convertible) 37
컬러 BT 211
컬러 기획 207
컬렉션 분석 231
컷아웃(cut-out) 45
케이프(cape) 39
케이프 코트 126
코사지(corsage) 49
코위찬 카디건 116
코트 108, 124
콘셉트 기획 207
콘티넨탈 타이 132
퀼로트 스커트 110
퀼팅(quilting) 44
크로스 백 130
크롭 톱 117
크루(crew) 35
크루 넥 스웨터 116
크리스털(crystal) 42
클래리컬(clerical) 36
클래식 이미지 188
클러치 백 130
클레릭 셔츠 115
클로쉬 129
키홀(keyhole) 35

킬트 스커트 110

ㅌ

타이 클립 132
타이 택 132
탭(tab) 37, 45
탱크 톱 117, 129
터틀넥(turtle neck) 36
터틀 넥 스웨터 116
턱(tuck) 43
턱시도(tuxedo) 37
턱시도 재킷 122
테니스 스웨터 116
테이퍼드 팬츠 111
테일러드 36
테일러드 재킷 119
테일러드 팬츠 112
톤(tone) 51
톱 108
톱 스티칭(top stitching) 44
트렌드(trend) 14
트렌드 정보 분석 199
트렌디(trendy) 상품 94
트렌치 코트 125, 230
트리밍(trimming) 33, 47
티셔츠 108
티어드(tiered) 39
티어드 스커 110

ㅍ

파운데이션 108, 128
파이핑(piping) 45
파카(parka) 118
판초 116
팔라초 팬츠 112
패고팅(fagoting) 44
패딩 점퍼 124
패션 11
패션 디자인 개발 198
패션 디자인 기획 198
패션 디자인 발상 144
패션 디자인 상품화 198
패션 디자인 실무 프로세스 197
패션 상품 93
패션 아이템 107
패션 이미지 182
패션 주기 14
패션 컬렉션 199
패션 컬렉션 분석 199
패스트 패션(fast fashion) 18
패치(patch) 40
패치 워크(patch work) 44
팬츠 108
팬톤 59
팬톤(pantone) 컬러 213
퍼널(funnel) 35
퍼프(puff) 39
페그 탑 스커트 110
페그 탑 팬츠 111
페도라 해트 129
페미닌 이미지 184
페어아일 스웨터 117
페전트 블라우스 115
페플럼 블라우스 115
페플럼 재킷 122
포 인 핸드 타이 132
포켓 34
포크파이 해트 129
폴로(polo) 37
폴로셔츠 117
품평회 223
퓨리탄(puritan) 36
프라이빗 어케이전 94
프라이빗웨어 94
프레타포르테(prêt-à-porter) 16
프렌치(french) 39
프로모션(promotion) 223
프르미에르 비죵 67
프린세스 코트 126
프린징(fringing) 46
프릴(frill) 41
플라운스(flounce) 41
플라이 프런트 드레스 127
플랩(flap) 40
플랫 36
플런징(plunging) 35
플레어 스커트 110
플리츠(pleats) 41
플리츠 스커트 110
피셔맨 스웨터 117
피에로(pierrot) 38
피 코트 126
피크트(picked) 37
피크트 라펠 120
피터팬(Peter Pan) 36
핀(pin) 37

ㅎ

하렘 팬츠 113
하와이언 셔츠 115
하이네크라인(high-neckline) 35
한국산업규격(KS)의 색체계 51

핫픽스(hot-fix) 48
해외 치수체계 101
헌팅 캡 129
헨리네크라인(Henry-neck) 35
형용사 이미지 스케일 56
형태(form) 26
형태분석법 162
호보 백 130
홀터(halter) 35
후드 집 업 118
후염 문양 65
힙 본 스커트 110

영문

A-2 플라이트 재킷 123
A line skirt 109
B-3 보머 재킷 123
Chanel line 109
CMT 225
fitted 109
floor length 109
full length 109
high waist 109
hip born 109
just waist 109
knee length 109
KS 표준 의류치수규격 97
low waist 109
MA-1 플라이트 재킷 123
maxi 109
micro mini 109
midi 109
mini 109
N-3 유틸리티 재킷 123
normal length 109
OEM 223
pencil 109
RTW(ready to wear) 16
semi tight 109
sheath skirt 109
SPA 18
straight 109
tight skirt 109
TPO 94
T자형 129
3D 프린팅(3D printing) 48

도와주신 분들

Part 1. 패션 디자인 기초

양정원(전남대학교, 강사) : 색채분석 자료조사
정경희(전남대학교, 강사) : 디자인 요소 및 원리 일러스트 작업, 색채분석
신성은(창원대학교 대학원) : 디테일, 트리밍 일러스트 작업

Part 2. 패션 디자인 응용

전세미(전북대학교 대학원) : 인체, 패션 아이템 도식화 그림 및 일러스트 작업
Bin Sen(전북대학교 대학원) : 패션 아이템 도식화 그림 및 일러스트 작업
김민정(전북대학교) : 패션 아이템 도식화 그림 및 일러스트 작업
김조은(충북대학교) : 패션 디자인발상 일러스트 작업
김현정(전북대학교) : 패션 아이템 도식화 그림 및 일러스트 작업
최세영(충북대학교) : 이미지 맵 작성 및 컬렉션 자료조사
홍지현(충북대학교) : 이미지 맵 작성 및 컬렉션 자료조사

Part 3. 패션 디자인 실무

이민경(창원대학교) : 컬렉션 분석
이혜빈(창원대학교) : 컬렉션 분석
이희원(창원대학교) : 작업지시서 작업
정민아(창원대학교) : 디자인 콘셉트 맵 작업
황은지(창원대학교) : 컬렉션 분석
㈜아이콘플 : 트렌치 코트 작업지시서, 원부자재 리스트, 제품 완성 사진
유림글로벌 : 레깅스 착장 렌더링과 작업지시서, 제품 완성 사진

저자 소개

염혜정 이화여자대학교 의류직물학과 및 동대학원 석사
일본 Bunka Gakuen University 박사
뉴질랜드 The University of Auckland 연구교수
(주)클리포드 의류사업부 과장
현 전북대학교 의류학과 교수

이미숙 이화여자대학교 의류직물학과 및 동대학원(문학박사)
프랑스 파리 의상조합, 에스모드 수학
전남대학교 생활과학대학 학장, 교수협의회 부회장
한국패션비즈니스학회 편집위원장
현 전남대학교 의류학과 교수

김지영 이화여자대학교 의류직물학과 및 동대학원(문학박사)
(주)슈페리어 디자이너
대전대학교 겸임교수
한국복식학회, 한국패션비즈니스학회, 복식문화학회 이사
현 충북대학교 의류학과 교수

박혜원 이화여자대학교 의류직물학과 및 동대학원(문학박사)
미국 FIT 대학원, Parsons School of Design 수학
한국패션비즈니스학회장, 한국패션조형협회장
영국 Nottingham Trent University 연구교수
현 창원대학교 의류학과 교수

신성미 창원대학교 의류학과
연세대학교 대학원 패션산업정보전공 석사
창원대학교 대학원 패션전공 박사수료
(주)이랜드 패션 디렉터 이사
현 창원대학교 의류학과 강사

패션 디자인

초판 발행 2022년 8월 31일

지은이 염혜정, 이미숙, 김지영, 박혜원, 신성미
펴낸이 류원식
펴낸곳 교문사

편집팀장 김경수 | **디자인** 신나리 | **본문편집** 북이데아

주소 10881, 경기도 파주시 문발로 116
대표전화 031-955-6111 | **팩스** 031-955-0955
홈페이지 www.gyomoon.com | **이메일** genie@gyomoon.com
등록번호 1968.10.28. 제406-2006-000035호

ISBN 978-89-363-2339-4(93590)
정가 24,000원